"十二五"国家计算机技能型紧缺人才培养培训教材

教育部职业教育与成人教育司
全国职业教育与成人教育教学用书行业规划教材

新编中文版

Illustrator CS6
标准教程

编著／张丕军　杨顺花　朱希伟

光盘内容
本书光盘包括范例源文件、相关素材以及项目实训的视频文件

U0325761

海洋出版社

2012年·北京

内 容 简 介

　　本书是专为想在较短时间内学习并掌握矢量图形绘制软件 Illustrator CS6 的使用方法和技巧而编写的标准教程。本书语言平实，内容丰富、专业，并采用了由浅入深、图文并茂的叙述方式，从最基本的技能和知识点开始，辅以大量的上机实例作为导引，帮助读者轻松掌握中文版 Illustrator CS6 的基本知识与操作技能，并做到活学活用。

　　本书内容：全书共分为 10 章，着重介绍了 Illustrator CS6 的基础知识；辅助功能；图形选择；基础绘图；图形填色及艺术效果处理；文本处理；编辑与管理图形；图表制作和滤镜特效等知识。最后通过制作三维立体效果文字、艺术文字、立体特效字、标志设计、圆形设计、绘制儿童营养奶瓶、产品说明书设计、前台设计和洗发水广告宣传单设计 9 个典型实例的制作过程，详细介绍了 Illustrator CS6 的设计技巧。

　　本书特点：1. 基础知识讲解与范例操作紧密结合贯穿全书，边讲解边操练，学习轻松，上手容易；2. 提供重点实例设计思路，激发读者动手欲望，注重学生动手能力和实际应用能力的培养；3. 实例典型、任务明确，由浅入深、循序渐进、系统全面，为职业院校和培训班量身打造。4. 每章后都配有练习题，利于巩固所学知识和创新。5.书中重点实例均收录于光盘中，采用视频讲解的方式，一目了然，学习更轻松！

　　适用范围：适用于职业院校平面设计专业课教材；社会培训机构平面设计培训教材；用 Illustrator 从事平面设计、美术设计、绘画、平面广告、影视设计等从业人员实用的自学指导书。

图书在版编目(CIP)数据

　　新编中文版 Illustrator CS6 标准教程/ 张丕军，杨顺花，朱希伟编著. -- 北京 ：海洋出版社，2012.11

　　ISBN 978-7-5027-8430-0

Ⅰ. ①新… Ⅱ. ①张…②杨…③朱… Ⅲ. ①图形软件—教材 Ⅳ.①TP391.41

　　中国版本图书馆 CIP 数据核字(2012)第 249999 号

总 策 划：刘斌	发 行 部：(010) 62174379（传真）(010) 62132549
责任编辑：刘斌	(010) 62100075（邮购）(010) 62173651
责任校对：肖新民	网　 址：http://www.oceanpress.com.cn/
责任印制：刘志恒	承　 印：北京旺都印务有限公司印刷
排　　版：海洋计算机图书输出中心　　晓阳	版　 次：2012 年 11 月第 1 版
出版发行 海洋出版社	2012 年 11 月第 1 次印刷
	开　 本：787mm×1092mm　1/16
地　　址：北京市海淀区大慧寺路 8 号（707 房间）100081	印　 张：15.25
	字　 数：420 千字
经　　销：新华书店	印　 数：1~4000 册
技术支持：010-62100055	定　 价：32.00 元　（1CD）

本书如有印、装质量问题可与发行部调换

"十二五"全国计算机职业资格认证培训教材

编 委 会

主　任　杨绥华

编　委　（排名不分先后）

韩立凡　孙振业　左喜林　韩　联　韩中孝

邹华跃　刘　斌　赵　武　吕允英　张鹤凌

于乃疆　张嫘嫘　钱晓彬　李　勤　姜大鹏

金　超

前　言

Illustrator 是 Adobe 公司出品的重量级矢量绘图软件，它是出版、多媒体和网络图像的工业标准插画软件。无论是新手还是插画专家，Illustrator 都能提供所需的工具，从而获得专业质量的图形。该软件为制作线稿（作品）时提供无与伦比的精度和控制，适合制作任何小型设计到大型的复杂项目。

Illustrator CS6 是 Adobe 公司推出的最新版本的 Illustrator 软件，它的功能十分强大。Illustrator CS6 不仅提高了打开、储存、打印文件、复制、粘贴以及显示图形等操作的速度，而且新增了很多实用的工具，其中的 3D 功能非常突出。Illustrator CS6 是一套前所未有的全新设计工具，提供了最能展现设计师创造力所需的增强功能。

本书根据作者多年的作品设计与软件培训经验，通过大量在实际工作中遇到的案例，系统地介绍了 Illustrator CS6 软件的使用方法和技巧，具有较强的实用性和参考价值。

全书共分为 10 章，主要内容介绍如下：

第 1 章　主要介绍了 Illustrator CS6 的基础知识。包括 Illustrator CS6 的工作界面、文件的基本操作和概念、图形的置入与输出。

第 2 章　主要介绍了 Illustrator CS6 的辅助功能。包括用于查看图形的缩放工具、缩放命令、抓手工具、导航器面板、切换屏幕显示模式，用于精确绘图的参考线、标尺与网格、度量工具；用吸管工具在对象之间复制属性以及在多个窗口中进行编辑等。

第 3 章　主要介绍了 Illustrator CS6 的图形选择。包括所有的选择工具和选择命令。

第 4 章　主要介绍了 Illustrator CS6 的基础绘图。包括路径的概念、路径的绘制、调整路径、实时上色工具与实时上色选择工具以及用基本绘图工具进行绘图与描图。

第 5 章　主要介绍了 Illustrator CS6 的图形填色及艺术效果处理。包括使用画笔与符号、创建画笔与符号、绘制光晕对象、使用符号工具与笔刷工具、应用渐变色与渐变网格填充对象、混合对象等。

第 6 章　主要介绍了 Illustrator CS6 的文本处理。包括使用文字工具创建点文字与段落文本、字符与段落格式化、创建区域与路径文字、查找与替换文字、改变大小写、创建轮廓与变形文字等。

第 7 章　主要介绍了 Illustrator CS6 的编辑与管理图形。包括编辑图形工具、复制对象、排列对象、对齐与分布对象、群组、用路径查找器创建复杂图形、图层等。

第 8 章　主要介绍了 Illustrator CS6 的图表制作。包括使用图表工具创建图表、添加与修改图表数据、修改图表类型、格式化图表等。

第 9 章　主要介绍了使用 Illustrator CS6 中的效果命令处理图像。

第 10 章　主要介绍了使用 Illustrator CS6 设计与创作精彩的综合实例。包括三维立体效果文字、艺术文字、立体特效字、标志设计、圆形标志、绘制儿童营养奶瓶、 产品说明书的封面设计、前台设计和洗发水广告宣传单等。

本书突出理论与实践相结合，内容全面、语言流畅、结构清晰、实例精彩、操作性和针对性都比较强。本书从软件基础入手，利用丰富而精彩实例讲解应用 Illustrator CS6 进行设计与创作的方法。其中大部分内容在培训班上使用过，能学以致用。对于初学者来说是一本图文并茂、通俗易懂、细致全面的学习操作手册；而对于已经熟练使用 Illustrator CS6 者和电脑图形制作、设计和创作专业人士来说，本书则是一本最佳的参考资料。本书也可作为高等院校及社会各类电脑培训班的教材。

　　本书由张丕军、杨顺花、朱希伟编著，在本书的编写过程中，还得到了张声纪、唐小红、杨昌武、龙幸梅、杨喜程、唐帮亮、饶芳、王靖城、莫振安、韦桂生等亲朋好友的大力支持，在此表示衷心的感谢！

编　者

目　　录

第 1 章　Illustrator CS6 入门

教学提要

本章主要介绍 Illustrator 的工作环境、文件操作、图形的置入与输出以及 Illustrator CS6 中最基本的概念，包括图形的类型、分辨率和颜色模式等。使读者熟练掌握文件的操作、Illustrator CS6 的工作界面，并了解 Illustrator CS6 中常用的术语、概念。

教学重点

➢ Illustrator CS6 的工作界面
➢ 文件的操作
➢ 图形的置入与输出
➢ Illustrator 中的基本概念

1.1　Illustrator 简介

Illustrator 是 Adobe 公司出品的重量级矢量绘图软件，是出版、多媒体和网络图像的工业标准插画软件，它的功能非常强大。对于生产印刷出版线稿的设计者或专业插画家、制作多媒体图像的艺术家，以及万维网页或在线内容的制作者来说，Adobe Illustrator 不仅仅是一个艺术产品工具，它还能为制作线稿（作品）时提供无与伦比的精度和控制，适合制作任何小型设计到大型的复杂项目。

Illustrator CS6 将矢量插图、版面设计、位图编辑、图形编辑及绘图工具等多种功能融为一体，增强了用户化特点的界面，专业输出能力支持多种语言文本，简化了设计过程。Adobe Illustrator 还提供与 Adobe 的其他应用软件协调一致的工作环境，包括 Adobe Photoshop 和 Adobe PageMaker 等。

1.2　Illustrator CS6 的工作界面

Adobe 公司已经为它的大众软件应用了几乎一致的操作环境，所以 Illustrator 的工作界面也类似于 Adobe 的其他产品，如 Photoshop 和 PageMaker 等。它的整个工作界面风格也与 Windows XP 的界面风格贴近。

1.2.1　启动程序

在成功安装了 Illustrator CS6 后，在 Windows XP 等操作系统的程序菜单中会自动生成 Illustrator CS6 程序命令。可以在屏幕的底部单击【开始】→【程序】→【Adobe Illustrator CS6】，如图 1-1 所示，便可显示如图 1-2 所示的启动 Illustrator CS6 的界面。

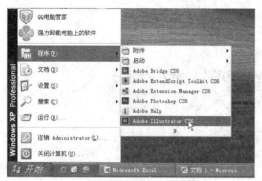

图 1-1 启动 Illustrator CS6 程序

图 1-2 启动 Illustrator CS6 时的界面

1.2.2 Illustrator CS6 窗口外观

Illustrator CS6 的程序窗口如图 1-3 所示，程序窗口中并没有任何文档，如果要绘制一个新的文档，在【文件】菜单中执行【新建】命令，弹出一个如图 1-4 所示的【新建文档】对话框，可以在其中根据需要设置参数，单击【确定】按钮，即可新建一个空白的文档，如图 1-5 所示。

图 1-3 Illustrator CS6 程序窗口

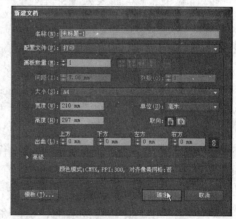

图 1-4 【新建文档】对话框

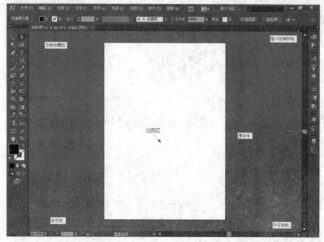

图 1-5 Illustrator CS6 程序窗口

　　Illustrator 的工作界面是创建、编辑、处理图形/图像的操作平台，它由标题栏、菜单栏、工具箱、控制面板、草稿区、绘图区、状态栏、最小化按钮、还原按钮、最大化按钮、关闭按钮等组成，如图 1-5 所示。

- ■■（最小化按钮）：单击它可以将窗口最小化并把它存放到任务栏（默认状态下，它在屏幕的底部）中。
- ■■（最大化按钮）：单击它可以将窗口最大化占满整个屏幕。
- ■■（关闭按钮）：单击它可以将窗口、面板或对话框关闭。
- ■■（还原按钮）：单击它可以将窗口还原，可以在边框上按下鼠标左键，当鼠标箭头成双向箭头时，拖动改变窗口的大小。

1.2.3　菜单栏

　　Illustrator 的菜单栏包括文件、编辑、对象、文字、选择、效果、视图、窗口和帮助 9 个菜单，如图 1-6 所示。

图 1-6　菜单栏

　　将指针移到菜单名上单击，即可弹出下拉菜单，如图 1-7 所示，其中包含了菜单中的所有命令，可以在菜单中用鼠标或键盘选择要使用的命令，选择好后单击所选命令，即可执行所选命令。

　　如果该菜单中有某项在当前状态下不能使用，则会呈现暗灰色。有的菜单还有子菜单，这时它的后面会有一个小三角形符号。如果在菜单后面有省略号，单击该菜单命令后将会打开一个对话框。有些菜单命令有快捷键，在其后面用英文字母进行标示，可以直接按快捷键执行该菜单命令，如按【Ctrl＋O】键即可直接执行【打开】命令。

　　除了从菜单栏中执行命令之外，Illustrator 也提供了另一类菜单，即快捷菜单。在操作界面中的任何地方单击鼠标右键都可打开快捷菜单，快捷菜单根据右击位置和编辑状态的不同而有所差异。

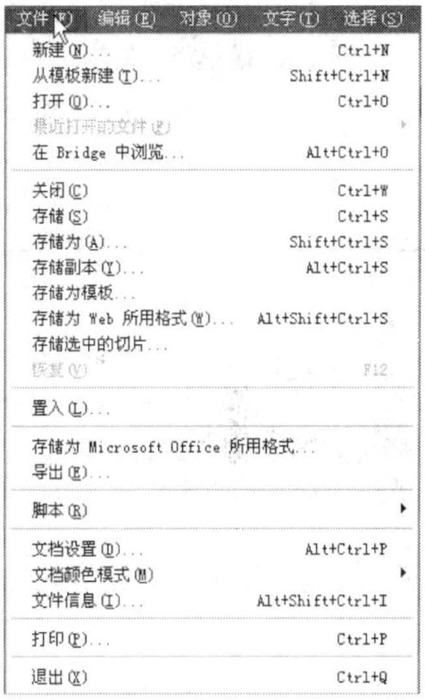

图 1-7　【文件】菜单

1.2.4　工具箱

　　启动 Illustrator 程序后，默认情况下工具箱自动排放到屏幕的左边。利用工具箱中的各种工具可以在 Illustrator 中创建、选择和操作对象。

　　如图 1-8 所示为 Illustrator 的工具箱，可以拖动工具箱到屏幕的任何一个地方，也可以显示或隐藏工具箱（在菜单中执行【窗口】→【工具】命令）。工具箱中的每一个图标都表示一种工具。当指针移动到图标上，略微停留一会儿，就会在指针处出现该工具的名称。名称旁边的英文字母表示选取这个工具的快捷键。工具箱由横线分为 10 个部分。

　　在工具箱中有隐藏的工具，它们隐藏在右下角有小三角形的工具中，可以按住带有小三角形的工具，就会弹出一个工具条，可以在其中选择所需的工具。

当有隐藏工具的工具条出现时，移动指针到工具条末尾小三角形按钮处单击，如图 1-9 所示，即可将该工具条从工具箱中分离出来，如图 1-10 所示。如果要将一个已分离的工具条重新放回工具箱中，可以单击右上角的【关闭】按钮。如表 1-1 所示为各工具的图标与名称。

图 1-8　工具箱

图 1-9　显示工具条

图 1-10　分离的工具条

表 1-1　工具图标、名称与快捷键

图标	名　　称	快捷键	图标	名　　称	快捷键
	选择工具	V		直接选择工具	A
	套索工具	A		编组选择工具	
	魔棒工具	Y		钢笔工具	P
	添加锚点工具	+		删除锚点工具	-
	转换锚点工具	Shift+C		文字工具	T
	区域文字工具			路径文字工具	
	垂直文字工具			垂直区域文字工具	
	垂直路径文字工具			直线段工具	\
	弧形工具			螺旋线工具	
	矩形网格工具			极坐标网格工具	
	矩形工具	M		圆角矩形工具	
	椭圆工具	L		多边形工具	
	星形工具			光晕工具	
	画笔工具	B		铅笔工具	N
	平滑工具			路径橡皮擦工具	
	橡皮擦工具	Shift + E		剪刀工具	C
	刻刀			旋转工具	R
	镜像工具	O		比例缩放工具	S
	倾斜工具			整形工具	

续表

图标	名　　称	快捷键	图标	名　　称	快捷键
	宽度工具	Shift + W		变形工具	Shift +R
	旋转扭转工具			缩扰工具	
	膨胀工具			扇贝工具	
	晶格化工具			皱褶工具	
	自由变换工具	E		形状生成器工具	Shift +M
	实时上色工具	K		实时上色选择工具	Shift +L
	透视网格工具	Shift + P		透视选区工具	
	混合工具	W		网格工具	U
	渐变工具	G		吸管工具	I
	度量工具			符号喷枪工具	Shift + S
	符号移位器工具			符号紧缩器工具	
	符号缩放器工具			符号旋转器工具	
	符号着色器工具			符号滤色器工具	
	符号样式器工具			柱形图工具	
	堆积柱形图工具			条形图工具	
	堆积条形图工具			折线图工具	
	面积图工具			散点图工具	
	饼形图工具			雷达图工具	
	切片工具	Shift + K		切片选择工具	
	画板工具	Shift + O		抓手工具	H
	打印拼贴工具			缩放工具	Z
	颜色	<		渐变	>
	无	/		正常绘图	Shift +D
	背面绘图	Shift +D		内部绘图	Shift +D
	正常屏幕模式	F		带有菜单栏的全屏模式	F
	全屏模式	F			

在使用快捷键时需按 【Ctrl + 空格键】 切换至英文输入法状态。

1.2.5　绘图窗口

　　在 Illustrator 中，可以打开多个文档进行编辑。如果要在多个文档之间进行切换，可以在【窗口】菜单的底部选择所要编辑的图形文件名称。在绘图窗口的标题栏上，除了图形的名称，还有缩放比例和色彩模式等信息。当绘图窗口最大化时，这些信息会和程序窗口的标题栏合并。

1.2.6　控制面板

　　在 Illustrator CS6 中提供了 20 多个面板和一些预设的图形样式库、画笔库与符号库，这些控制面板已经灵活的以缩览图按钮的形式层叠在程序窗口的右边，用户可以将缩览图按钮拖动，以看到面板的名称，如图 1-11 所示；也可以移动指针到按钮上单击显示面板，如图 1-12 所示，再次单击便会将其隐藏。

通常面板是浮动在图像的上面，而不会被图像所覆盖，而且常放在屏幕的右边，也可以将它拖放到屏幕的任何位置上，只要将鼠标指向面板最上面的标题栏，并按下左键不放，将它拖到屏幕所需的位置后松开左键即可。

Illustrator 提供了 SVG 交互、信息、分色预览、动作、变换、变量、图像描摹、图层、图形样式、图案选项、外观、对齐、导航器、属性、拼合器预览、描边、文字、文档信息、渐变、画板、画笔、符号、色板、路径查找器、透明度、链接、颜色、颜色参考、魔棒等面板。

按【Tab】键可以隐藏或显示工具箱与控制面板。

1.【图层】面板

每个 Adobe Illustrator 文件至少包含一个图层。通过在线稿（文档）中创建多个图层可以控制如何打印、组织、显示和编辑对象。

在创建了图层后，就能够以不同的方式使用图层，比如复制、重排、合并这些图层，以及向图层上添加对象。甚至可以创建模板图层，以便描画对象。还可以从 Photoshop 中导入图层。

下列规则影响了对象在图层中的显示：

（1）在每个图层中，对象是以它们的堆叠次序(也叫绘制次序)堆放的。

（2）同组的对象在同一图层中。如果将不同图层中的对象编在一组，那么所有对象将被放到该组中最前面的图层中，放在组中最前面的对象之后。

（3）当对不同图层的对象进行蒙版时，中间各层的对象将变为蒙版对象的一部分。

在菜单中执行【窗口】→【图层】命令，可以显示/隐藏【图层】面板。【图层】面板如图 1-13 所示。可以使用【图层】面板创建和删除图层、合并图层，以及隐藏和锁定图层。所有新对象将放到当前可用图层上。

图 1-11　面板缩览图按钮

图 1-12　显示面板

图 1-13　【图层】面板

2.【画笔】面板

可以使用【画笔】面板创建和组织画笔。也可以使用【画笔】面板确定显示哪些画笔以及如何显示。也可以移动、复制和删除面板中的画笔。

可以创建【画笔】面板中 4 种画笔类型（包括分散画笔、书法画笔、图案画笔、艺术画笔）中的每一种画笔。

在菜单中执行【窗口】→【画笔】命令，可以显示/隐藏【画笔】面板。显示的【画笔】面板如图 1-14 所示，在其中选择一种画笔，所选对象的笔触就变为该种画笔。可以先在【画笔】面板中选择所需的画笔，然后在工具箱中选择笔刷工具进行绘图。

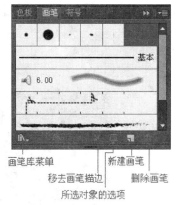

图 1-14　【画笔】面板

3.【颜色】面板

在菜单中执行【窗口】→【颜色】命令，可以显示/隐藏【颜色】面板，如图 1-15 所示。

可以使用【颜色】面板将颜色用于对象的填色和笔触（也可以称为描边或笔画），也可以编辑和混合颜色。既可以创建颜色，也可以从【色板】面板、对象以及颜色库中选取颜色。双击填色或描边都可弹出如图 1-16 所示的【拾色器】对话框，在其中设置所需的颜色，设置好后单击【确定】按钮完成颜色设置。也可以在下方的色条上吸取所需的颜色，单击◆按钮可展开或折叠面板。

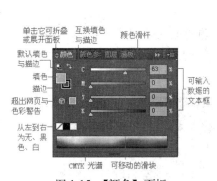

图 1-15　【颜色】面板

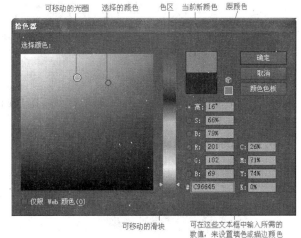

图 1-16　【拾色器】对话框

4.【描边】面板

在菜单中执行【窗口】→【描边】命令，可以显示/隐藏【描边】面板。【描边】面板如图 1-17 所示。只有在对路径描边时才可以使用描边的属性。可以使用【描边】面板来选择笔触属性，它包括描边宽度，描边的顶点和接合的类型，以及描边是实线还是虚线等。

5.【渐变】面板

渐变填充是一个在两种及多种颜色之间或同一种颜色的各种淡色之间逐渐变化的混合。

在菜单中执行【窗口】→【渐变】命令，可以显示/隐藏【渐变】面板。【渐变】面板如图 1-18 所示，结合【颜色】面板可以创建渐变或者修改一个已经存在的渐变。如果【颜色】

面板中没有所需的颜色，单击右上角的小三角形按钮，可以在弹出的菜单中选择所需的颜色模式。也可以使用【渐变】面板向渐变中加入中间颜色，以便创建一个多重颜色混合定义的填充。

图 1-17 【描边】面板

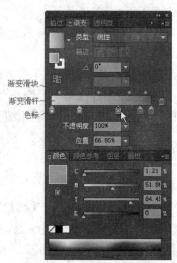

图 1-18 【渐变】面板

6.【透明度】面板

在菜单中执行【窗口】→【透明度】命令，可以显示/隐藏【透明度】面板，如图 1-19 所示。使用【透明度】面板可以设置所需的混合模式、不透明度、反相蒙版，避免渐变模式的应用超过一组对象的底部等。

7.【色板】面板

使用【色板】面板可以对图形填充所需的颜色、渐变以及图案。在菜单中执行【窗口】→【色板】命令，可以显示/隐藏【色板】面板。【色板】面板图 1-20 所示，它包含了预先装载到 Adobe Illustrator 以及为了重复使用而创建和保存的颜色、渐变以及图案。

图 1-19 【透明度】面板

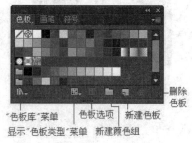

图 1-20 【色板】面板

8.【图形样式】面板

在菜单中执行【窗口】→【图形样式】命令，可以显示/隐藏【图形样式】面板。显示的【图形样式】面板如图 1-21 所示，利用它可以对图形对象进行所需的样式填充，也可以在文档中创建出所需的图形对象，单击【新建样式】按钮，可以将所创建的图形对象添加到【图形样式】面板。

9.【符号】面板

在菜单中执行【窗口】→【符号】命令，可以显示/隐藏【符号】面板。如图 1-22 所示为【符号】面板，可以在其中选择所需的符号，然后用符号喷枪工具在文档中喷洒出各种各样的符号实例和符号集合。也可以直接从【符号】面板中拖出符号到文档中。或者单击【放置符号实例】按钮，将符号实例应用到文档中，也可以使所选符号替换为其他符号。

在文档中可以创建自定的图形，单击【新建符号】按钮，将它存放到【符号】面板后，可以多次和重复应用；也可以将不用的符号删除。

图 1-21 【图形样式】面板

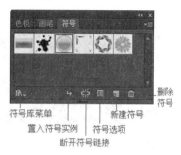

图 1-22 【符号】面板

10.【字符】面板

在【窗口】菜单中执行【文字】→【字符】命令，可显示/隐藏【字符】面板。【字符】面板如图 1-23 所示，使用它可以文字的字体、字体大小、字符间距、行间距和字符缩放等。

11.【段落】面板

在菜单中执行【窗口】→【文字】→【段落】命令，可以显示/隐藏【段落】面板。【段落】面板如图 1-24 所示，使用它可以对字符和段落文本进行对齐，也可以设置段落文本的首行缩进、段前间距、左缩进和右缩进等。

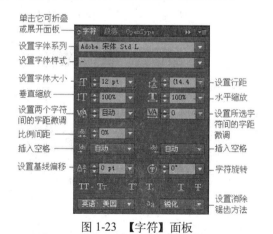

图 1-23 【字符】面板

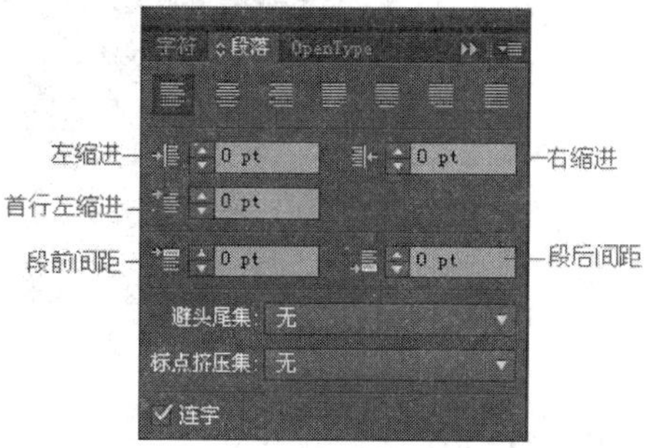

图 1-24 【段落】面板

12.【动作】面板

Adobe Illustrator 允许通过一系列命令组成一个动作来实现自动化任务。在菜单中执行【窗口】→【动作】命令，可以显示/隐藏【动作】面板。

Illustrator 提供了预先记录动作的功能，以便在图形对象和类型上创建特殊效果。在安装

Illustrator 应用程序时, 这些预先记录的动作作为【动作】面板的默认设置进行安装, 如图 1-25 所示, 可以直接应用这些动作 (只要单击 "播放当前所选动作" 按钮即可)。也可以创建所需的动作。

13.【链接】面板

所有链接的或嵌入的文件都在【链接】面板中列出。

在菜单中执行【窗口】→【链接】命令, 可以显示/隐藏【链接】面板。【链接】面板如图 1-26 所示, 通过【链接】面板, 使用【嵌入图像】命令, 可以将链接图像快速转换为嵌入图像。

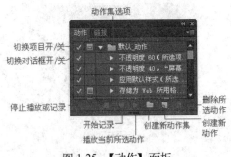

图 1-25 【动作】面板

图 1-26 【链接】面板

14.【属性】面板

在【窗口】菜单中执行【属性】命令, 可以显示/隐藏【属性】面板。【属性】面板如图 1-27 所示, 在【属性】面板中可以创建图像映射, 也可以选择所需的选项进行绘制所需的图形对象。

15.【导航器】面板

在【窗口】菜单中执行【导航器】命令, 可以显示/隐藏【导航器】面板。【导航器】面板如图 1-28 所示, 利用它可以将绘图区内的图形对象放大或缩小, 也可以查看局部图形对象。

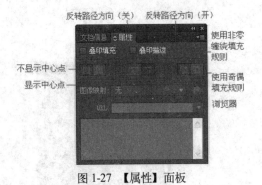

图 1-27 【属性】面板

图 1-28 【导航器】面板

16.【信息】面板

在【窗口】菜单中执行【信息】命令, 可以显示/隐藏【信息】面板。【信息】面板如图 1-29 所示, 在其中可以查看到相关的信息。

17.【外观】面板

在【窗口】菜单中执行【外观】命令, 可以显示/隐藏【外观】面板。【外观】面板如图 1-30 所示, 使用它可以将图形对象的外观清除、简化基本外观、删除选择的项目等。

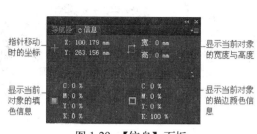

图 1-29　【信息】面板

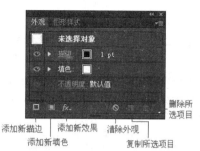

图 1-30　【外观】面板

18.【变换】面板

在【窗口】菜单中执行【变换】命令，可以显示/隐藏【变换】面板。【变换】面板如图 1-31 所示，使用它可以对选取对象进行变换调整，即可移动对象的位置，调整对象的大小、将对象进行旋转和倾斜等。

这个面板中的所有值指的都是针对所选对象的定界框而言。此外，还可以使用【变换】面板菜单中的命令进行水平翻转、垂直翻转、按比例变换描边和效果、仅变换图案、仅变换对象和两者都变换等操作。

19.【对齐】面板

在【窗口】菜单中执行【对齐】命令，可以显示/隐藏【对齐】面板。【对齐】面板如图 1-32 所示，使用它可以对选取的多个对象进行排列、对齐、分布等操作。

图 1-31　【变换】面板

图 1-32　【对齐】面板

20.【路径查找器】面板

在【窗口】菜单中执行【路径查找器】命令，可以显示/隐藏【路径查找器】面板。【路径查找器】面板如图 1-33 所示，使用其中的【路径查找器】命令可以组合、分离和细分对象。这些命令可以建立由对象的交叉部分形成的新建对象。

大多数的路径查找器命令都可创建出复合路径。一个复合路径是由两条或更多路径构成的路径组，其中相互重叠的路径被显示为透明。

图 1-33　【路径查找器】面板

　对复杂的选择，比如说混合，应用路径查找器需要大量的内存。

21.【魔棒】面板

在【窗口】菜单中执行【魔棒】命令，可以显示/隐藏【魔棒】面板。【魔棒】面板如图 1-34 所示，使用它并结合魔棒工具，可以在画面中选择所需的填充颜色、描边颜色、描边粗细、不透明度和混合模式。可以根据需要设置所需的容差值。

图 1-34 【魔棒】面板

22.【文档信息】面板

在【窗口】菜单中执行【文档信息】命令，可以显示/隐藏【文档信息】面板。新建文件的信息如图 1-35 所示，在 Illustrator 中打开一个范例文件后，【文档信息】面板如图 1-36 所示，在其中可以查看该文件的相关信息。

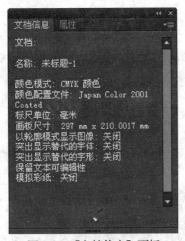

图 1-35 【文档信息】面板

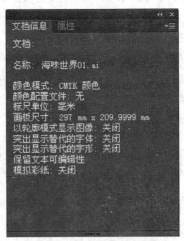

图 1-36 【文档信息】面板

1.3 文件的基本操作

在 Illustrator CS6 中，文件的基本操作包括文件的新建、保存、打开、关闭等。

1. 新建文件

上机实战 新建文件

1 在菜单中执行【文件】→【新建】命令（或按【Ctrl + N】键），弹出如图 1-37 所示的【新建文档】对话框，在【名称】文本框中输入所需的文件名称，在【配置文件】栏中设置所需的画板数量、间距、大小、单位、取向、出血与模板等，在【高级】栏中设置所需的颜色模式、栅格效果与预览模式等。

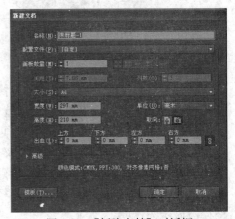

图 1-37 【新建文档】对话框

【新建文档】对话框中各选项说明如下：

● 【大小】：可从下拉列表中选择 Illustrator 为各种目的预设的多种图形尺寸。

- 【宽度】/【高度】：图形的大小尺寸。
- 【单位】：可从下拉列表中选择所需的单位。
- 【画板数量】：在其中可以设置所需的画板数量。
- 【出血】：在上方、下方、左方与右方文本框中输入所需的数值设置出血线的位置。

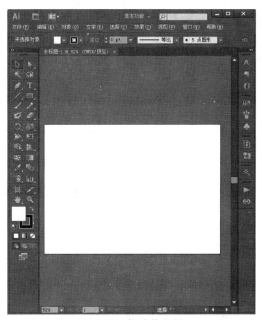

图 1-38　新建的文档

2　设置好后单击【确定】按钮，即可新建一个文件，如图 1-38 所示。

3　在绘图区或草稿区内可以绘制所需的插图(对象)，从工具箱中选择 ▰ 画笔工具，如图 1-39 所示，在绘图区内按下左键进行拖移绘制一朵花，如图 1-40 所示，得到所需的形状后松开左键，即可得到一朵花，如图 1-41 所示。

图 1-39　选择画笔工具

图 1-40　绘制时的状态

图 1-41　绘制好的效果

4　按【Ctrl】键单击轮廓线，选择刚绘制的图形，如图 1-42 所示，在【窗口】菜单中执行【颜色】命令，显示【颜色】面板，在其中设置所需的颜色，如图 1-43 所示，即可为选择的图形进行颜色填充，结果如图 1-44 所示。

图 1-42　选择图形

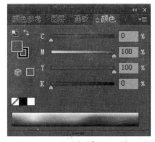

图 1-43　【颜色】面板

图 1-44　填充颜色后的效果

2. 保存文件

在绘制好一幅作品后可以将其保存。

 **上机实战　保存文件**

（1）保存

1　在菜单中执行【文件】→【保存】命令（或按【Ctrl + S】键），弹出如图 1-45 所示的【存储为】对话框，可以在【保存在】下拉列表中选择所需存放文档的文件夹，或者在左边栏中单击要存放的位置（如我的文档），然后在【文件名】文本框中输入所需的文件名称；也可在【保存类型】下拉列表中选择所需的文件格式。

2 设置好后单击【保存】按钮，接着弹出如图 1-46 所示【Illustrator 选项】对话框，在其中设置所需的参数，设置好后单击【确定】按钮，即可将文档保存到所选择的盘符（或文件夹）中了。

图 1-45 【存储为】对话框

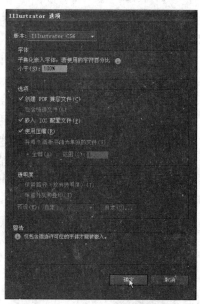

图 1-46 【Illustrator 选项】对话框

（2）存储为

3 在菜单中执行【文件】→【另存为】命令，同样会弹出【另存为】对话框，在【保存在】下拉列表中选择另一个文件夹，或在【文件名】文本框中另外命名，单击【保存】按钮弹出【Illustrator 选项】对话框，在其中根据需要设置所需的选项，单击【确定】按钮即可。

 另存为的作用是将文件进行备份或另外命名并保存。

3. 关闭文件

如果某文件已经编辑好并进行了保存，或打开了某个文件又不想用时，可以将文件关闭。在菜单中执行【文件】→【关闭】命令，即可将文件直接关闭。

如果某个文件进行过编辑，但没有进行保存，执行【文件】→【关闭】命令，就会弹出如图 1-47 所示的警告对话框，如果要保存对文档的修改，单击【是】按钮，如果不保存对文档的修改，单击【否】按钮，如果不想关闭文档，单击【取消】按钮。

图 1-47 警告对话框

 将文档（文件）关闭可按快捷键【Ctrl＋W】，或直接单击绘图窗口标题栏中的关闭按钮。

4. 打开文件

在设计作品时通常需要打开一张图片作为背景或插图，或者打开前面保存并关闭了的文件继续编辑。只需在【文件】菜单中执行【打开】命令（或按【Ctrl + O】键），弹出如图 1-48 所示的【打开】对话框，在【查找范围】下拉列表中选择所需文档所在的文件夹。或直接在左边栏中单击相关的图标（即保存时选择的位置），找到文件所在的位置，选中文件后单击【打开】即可。

5. 退出程序

如果程序窗口中的文件都进行过保存并关闭，在菜单中执行【文件】→【退出】命令，或按【Ctrl + Q】键，或直接在程序窗口的标题栏上单击【关闭】按钮，都可以将程序退出。

图 1-48 【打开】对话框

 如果程序窗口中的文件进行过编辑还未保存直接退出程序，就会弹出一个警告对话框，提醒是否保存对文件的更改，此时需根据具体情况而定，如果要保存单击【是】按钮，如果不保存单击【否】按钮。

1.4 图形的置入与输出

【置入】命令是把其他应用程序的文件置入 Adobe Illustrator 中。文件可以嵌入或包含到 Illustrator 文件中，或者链接到 Illustrator 文件中。链接了的文件与 Illustrator 文件单独存在，但保持链接，形成一个较小的 Illustrator 文件。当链接到文件中的图像被编辑或修改时，Illustrator 文件中链接的图像也被自动修改。

如果要在别的应用程序中使用 Adobe Illustrator 文件，必须将该文件保存或输出为其他应用程序可以使用的图形文件格式。

1.4.1 置入文件

在默认状态下，【置入】对话框中选择了【链接】选项。如果取消【链接】选项，图像就被嵌入到 Adobe Illustrator 文件中，形成一个更大的 Illustrator 文件。通过【链接】面板可以识别、选择、监视和更新 Illustrator 画板中的链接到外部文件的对象。

上机实战 置入文件

1 在 Illustrator CS6 中新建一个横向文档，在菜单中执行【文件】→【置入】命令，弹出【置入】对话框，在其中选择要置入的文件，如图 1-49 所示，单击【置入】按钮，弹出【置入 PDF】对话框，采用默认值，如图 1-50 所示，单击【确定】按钮就可将要置入的图片置入到画面中，如图 1-51 所示。

2 显示【链接】面板，如图 1-52 所示。如果需对该文件进行再次编辑，可以单击【链接】面板中的【编辑原稿】按钮打开原稿，如图 1-53 所示。

图 1-49 【置入】对话框

图 1-50 【置入 PDF】对话框

图 1-51 置入的文档

图 1-52 【链接】面板

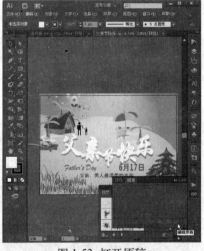

图 1-53 打开原稿

3 编辑好后在菜单中执行【文件】→【保存】命令，当返回到刚置入了图片的文档时，就会弹出一个对话框，如图 1-54 所示，提醒是否要更新文件，单击【是】按钮，即可将置入的图片进行更改。

图 1-54 警告对话框

1.4.2 输出文件

如果要将文件存为 Illustrator、Illustrator EPS、Acrobat PDF 格式、SVG 或 SVG 压缩格式，可以使用【存储】、【存储为】或【存储副本】命令。如果要存为其他文件格式，则应在菜单中执行【文件】→【输出】命令。如果没有列出文件格式，需要按照使用插件中的指导安装该格式的插件模块。

除了能以各种图形格式保存完整的 Illustrator 文件外，还可以使用剪贴板以及拖放功能输出 Illustrator 文件中的选定部分。

　　在输出图层时，可以将它们拼合成一个图层或者保持各自独立的图层，以便在 Photoshop 文件中处理它们。可以使用【输出】命令将 Illustrator 图层输出到 Photoshop。

　　隐藏图层和模板图层不能输出。

上机实战　将文件输出为 JPG 格式

　　1　按【Ctrl＋N】键新建一个文档，从工具箱中选择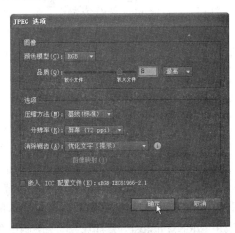符号喷枪工具，显示【符号】面板，在其中选择符号，如图 1-55 所示，在文档中按下左键拖移，如图 1-56 所示，松开左键后，即可得到如图 1-57 所示的效果。

图 1-55　【符号】面板

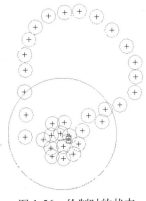

图 1-56　绘制时的状态

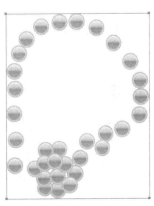

图 1-57　绘制好后的效果

　　2　在菜单中执行【文件】→【输出】命令，弹出【导出】对话框，选择所需保存的位置，在【保存类型】下拉列表中选择所需的文件格式（如*.JPG），在【文件名】文本框中可以输入所需的名称，也可采用默认名称，如图 1-58 所示。

　　3　在【导出】对话框中单击【保存】按钮，弹出【JPEG 选项】对话框，在其中选择所需的颜色模式（如 RGB）和分辨率（如屏幕 72ppi），设置【品质】为 8，其他不变，如图 1-59 所示，单击【确定】按钮，即可将该文档保存为 JPEG 文件。

图 1-58　【导出】对话框

图 1-59　【JPEG 选项】对话框

如果只是用于练习就选择【分辨率】为屏幕即可，如果要用于打印或其他方面，可根据需要设定【分辨率】为 150 ppi～300 ppi。

4 在任务栏中单击 ![]（显示桌面）按钮，在桌面上找到 ![]（我的电脑）双击，然后在【我的电脑】窗口中找到刚保存时选择的磁盘，在该磁盘中找到保存时选择的文件夹，即可看到刚导出的"耳环.jpg"文件，如图 1-60 所示。

图 1-60 文件夹窗口

1.5 Illustrator 中的基本概念

在使用 Illustrator 制作图形前，需要了解图形制作中的一些基本概念，包括图形的类型、分辨率等。

1.5.1 矢量图形和位图图像

计算机图形通常可以分成两大类，即矢量（也称向量）图形和位图图像。理解它们之间的区别，有助于创建、编辑和输入线稿。

在 Illustrator 中，绘画图像的类型对工作流具有明显的影响。例如，有些文件格式只支持位图图像，有些文件格式只支持矢量图形。当在 Illustrator 中输入绘画图像或从 Illustrator 中输出绘画图像时，绘画图像类型尤其重要。

 链接过了的位图图像不能在 Illustrator 中编辑。绘图格式也影响命令和滤镜如何应用到图像上。Illustrator 中有些滤镜将只能对位图图像进行操作。

1. 矢量图像

矢量是根据图形的几何特性描述图形的，矢量图形由直线和曲线构成，而这些直线和曲线是由称为矢量的数学对象定义。矢量图形是与分辨率无关的，图形被缩放时对象的清晰度、形状、颜色等都不发生偏差和变形。或以任何分辨率打印到任何输出设备而不会损失细节和清晰度。因为计算机显示器通过点阵像素来显示图像，所以矢量图形和位图图像都是用屏幕像素显示的。

2. 位图图像

位图图像也称作点阵图像，它使用小矩形的点阵（即像素）表示图像。位图图像里的每个像素都具有指定的位置和颜色值。

位图图像可以描述阴影和颜色的精细层次，所以它们是用于连续变化图像的最通用的电子媒体，如各种打印程序里建立的照片或图像。位图图像与分辨率有关，它们描述了固定数目的像素。因此，图形被缩放时，它们可能出现锯齿和损失细节。使用绘画和图像编辑软件，例如 Adobe Photoshop，可以生成位图图像。

1.5.2　位图图像的分辨率

1. 位图图像的分辨率

分辨率是每单位直线上用于描绘线稿和图像的点或像素的数目，输出设备用一组一组的像素来显示图像，矢量图像的分辨率取决于用来显示线稿的设备。位图图像的分辨率，既取决于用来显示的设备又取决于位图图像自己固有的分辨率。

2. 图像分辨率

图像里每单位印刷长度所显示的像素数目，通常用每英寸的像素点(ppi)衡量。打印同样尺寸的图像，高分辨率的图像比低分辨率的图像包含更多细小的像素点。例如，分辨率为96ppi的 1 英寸×1 英寸的图像，总共包含 9216 个像素（96×96=9216）。同样的 1 英寸×1 英寸图像，如果分辨率为 200 ppi，则总共包含 40000 个像素。

3. 72-ppi 位图图像和 300-ppi 位图图像

因为高分辨率图像在单位面积上具有更多的像素，所以打印时通常比低分辨率的图像能再现更多的细节和更精细的颜色过渡。如果图像是用低分辨率扫描或创建的，提高其分辨率，只是将原始像素信息在更多的像素上展开，并不能提高图像的质量。

要决定图像所使用的分辨率，需考虑最终发送图像时使用的媒体。如果要生成在线显示的图像，则图像分辨率只需要与典型的显示器分辨率（72 ppi 或 96 ppi）相匹配。但是，打印图像时分辨率太低将导致"像素化"，即输出的像素大而粗糙。使用太高的分辨率会增加文件的长度并降低图像打印的速度。

使用【文档设置】对话框可以定义向量图形的输出分辨率。在 Illustrator 中，输出分辨率指的是 PostScript 解释器用于近似表示曲线的线段数。

4. 显示器分辨率

显示器上单位长度所显示的像素或点的数目，通常用每英寸的点数（dpi）衡量。显示器分辨率取决于该显示器的大小加上其像素设置。典型的 PC 显示器的分辨率大约是 96dpi，Mac OS 显示器的分辨率是 72dpi。了解显示器分辨率有助于解释屏幕图形的显示尺寸通常与其打印尺寸不一样。

5. 打印机分辨率

由绘图仪或激光打印机产生的每英寸（dpi）的墨点数。为达到最佳效果，图像分辨率要与打印机分辨率相称，而不是相等。大多数的激光打印机具有 300dpi～600dpi 的输出分辨率，其中 72 ppi～150ppi 的图像就能够产生很好的效果。

高级绘图仪可以打印 1200dpi 或者更高，而且 200ppi～300ppi 的图像就能够产生很好的效果。

6. 滤网频率

用于打印灰度图像或彩色分割图的每英寸打印机的点数或半色调单元数，也称为网线数（screen ruling 或者 line screen），滤网频率是用每英寸的行数（lpi）或者半色调滤网上每英寸的单元行数表示的。

图像分辨率和屏幕频率之间的关系决定了打印图像的细节质量。要产生最高质量的半色调图像，通常使用的分辨率为滤网频率的 1.5 倍，最多到 2 倍。但是对某些图像和输出设备来说，低一些的分辨率能够产生良好的效果。

 有些绘图仪和 600-dpi 的激光打印机使用滤网技术而不是半色调。如果在非半色调打印机上打印图像，应该咨询服务提供商或参考打印机文档，以获得推荐的图像分辨率。

1.6　本章小结

本章先从启动 Illustrator 程序入手，对 Illustrator CS6 的工作界面，文件的操作，图形的输入与输出，基本概念等功能与概念进行了详细的介绍；掌握这些功能可以使读者在今后制作中熟练应用它们，从而制作出优美的作品。

1.7　习题

一、填空题

1. Adobe Illustrator 可以建立矢量图形，矢量图形由_____和_____构成，而这些直线和曲线是由称为矢量的数学对象定义。矢量是根据图形的_____描述图形的。

2. Illustrator 提供了很多面板，其中最主要的面板是_____、画笔、_____、_____、渐变、_____、色板、图形样式、_____、_____、_____、_____、链接、_____、导航器、_____、外观、_____、_____、_____、魔棒、文档信息等面板。

3._____和_____之间的关系决定了打印图像的细节质量。

4. Illustrator 是_____公司出品的重量级矢量绘图软件，是_____、_____和网络图像的工业标准插画软件，功能非常强大。

二、选择题

1. 矢量图形是与以下哪项无关的——也就是说，图形被缩放时对象的清晰度、形状、颜色等都不发生偏差和变形。或以任何分辨率打印到任何导出设备而不会损失细节和清晰度。　　　　　　　　　　　　　　　　　　　（　　）

  A. 大小　　　　　　B. 缩放比例　　　　　C. 分辨率　　　　　D. 颜色

2. 按以下哪组快捷键可以退出程序？　　　　　　　　　　　　　　（　　）

  A. Ctrl + A　　　　B. Ctrl + W　　　　　C. Ctrl + Q　　　　D. Ctrl + C

3. 按以下哪个快捷键可以隐藏或显示工具箱、【控制】选项栏与控制面板？　（　　）

  A. Ctrl　　　　　　B. Shift + Tab 键　　C. Shift + Ctrl　　　D. 按 Tab

4. 按以下哪组快捷键可以关闭文件窗口？　　　　　　　　　　　　（　　）

  A. Ctrl + A　　　　B. Ctrl + Q　　　　　C. Ctrl + W　　　　D. Ctrl + C

第 2 章　Illustrator 的辅助功能

教学提要

本章主要介绍 Illustrator CS6 的辅助功能，包括查看图形、使用辅助工具、创建新窗口等。使读者熟练掌握查看与修改图形的工具与功能，从而提高创作效率。

教学重点

- ➢ 查看图形
- ➢ 使用参考线、标尺与网格
- ➢ 在对象之间复制属性
- ➢ 创建新窗口

2.1　查看图形

Illustrator CS6 提供了抓手工具、缩放工具、【缩放】命令和【导航器】面板等多种方式，方便用户按照不同的放大倍数查看图形的不同区域。还可以为同一个图形建立多个窗口，以及更改屏幕的显示模式，改变 Illustrator 工作区域的外观。

2.1.1　缩放工具

在绘制图形时通常需要将图形放大许多倍来绘制局部细节或进行精细调整。或者在文件比较大，无法在程序窗口中完全显示，但又需要对该文件进行编辑与修改时，可以将其先缩小以查看全局，再局部放大以进行编辑与修改。

上机实战　使用缩放工具缩放图形

1　按【Ctrl＋O】键执行【打开】命令，弹出【打开】对话框，并在其中选择文件所在的文件夹，如图 2-1 所示，再在打开窗口中双击要打开的文件，如图 2-2 所示，即可将其打开到程序窗口中，如图 2-3 所示。

图 2-1　选择文件夹

图 2-2　【打开】对话框

2　如果需要将图像局部放大，在工具箱中选择 🔍 缩放工具，再移动指针到画面中需要放大的部分，按下左键拖出一个矩形框，如图 2-4 所示；松开左键后即可将该区域放大，如图 2-5 所示。

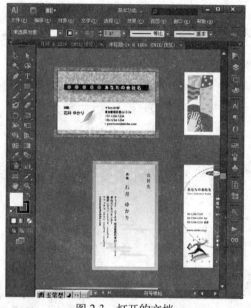

图 2-3　打开的文档

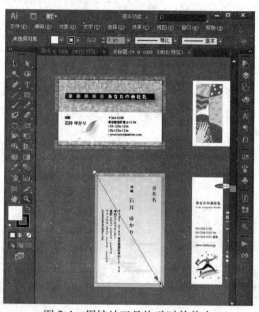

图 2-4　用缩放工具拖动时的状态

在工具箱中双击缩放工具，即可将图形以 100% 显示。

3　如果要缩小图形，则需按下【Alt】键在画面中单击，每单击一次缩小一级，缩小后的画面如图 2-6 所示。

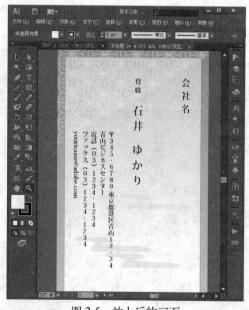

图 2-5　放大后的画面

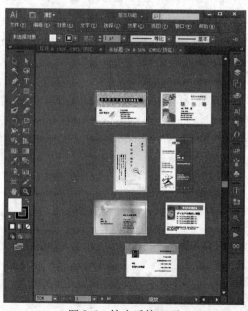

图 2-6　缩小后的画面

2.1.2　缩放命令

可以使用菜单命令对图形进行缩放。

上机实战　使用缩放命令缩放图形

1　在【视图】菜单中执行【放大】命令（或按快捷键【Ctrl ＋ +】），如图 2-7 所示，以图形的当前显示区域为中心放大比例，如图 2-8 所示。

2　在【视图】菜单中执行【缩小】命令（或按快捷键【Ctrl ＋ -】），以图形的当前显示区域为中心缩小比例。

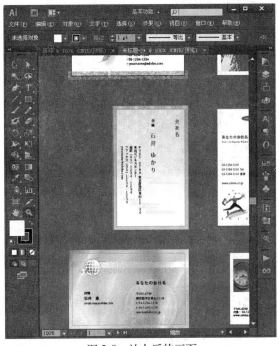

图 2-7　选择【放大】命令　　　　图 2-8　放大后的画面

3　在【视图】菜单中执行【适合窗口】命令（或按快捷键【Ctrl ＋ 0】），使图形以最合适的大小和显示比例在绘图窗口中显示，可以完整地显示图形。

4　在【视图】菜单中执行【实际大小】命令（或按快捷键【Ctrl ＋ 1】），使图形以 100% 的比例显示。

2.1.3　抓手工具

如果打开的图形很大，或者在操作中将图形放大，以至于窗口中无法显示完整的图形时，在要查看或修改图像的各个部分时，可以使用抓手工具移动图像的显示区域。

上机实战　使用抓手工具移动图像

1　在工具箱中选择抓手工具，如图 2-9 所示。

2　移动指针到画面中按下左键向左拖动，如图 2-10 所示，到达适当位置后松开左键，即可将要显示的区域显示在绘图窗口中，如图 2-11 所示。

图 2-9　选择抓手工具

在工具箱中双击抓手工具，可以使绘图区以最适当的显示比例完整地显示图形。按空格键可以随时切换到抓手工具。

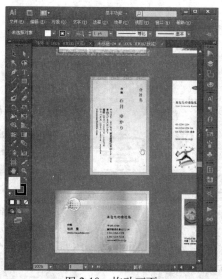

图 2-10　拖动画面

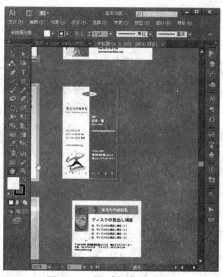

图 2-11　拖动到指定位置

2.1.4　【导航器】对话框

使用【导航器】对话框可以对图形进行快速的定位和缩放。

上机实战　使用【导航器】对话框定位与缩放图形

1　在菜单中执行【窗口】→【导航器】命令，显示【导航器】对话框，如图 2-12 所示，左下角显示的百分比是当前图形的显示比例。可以在其中直接输入所需的显示比例。

2　用鼠标直接拖动底部的缩放滑块，可连续修改图形的显示比例，从而缩放图形。单击【缩小】或【放大】按钮，可以用预设的比例缩放图形，效果与使用缩放工具一样。

3　面板中红色方框内的区域代表当前窗口中显示的图形区域，而框外部分则表示没有显示在窗口中的图形区

图 2-12　【导航器】对话框

域。将鼠标指针移到面板红色方框中按下左键拖动，可以移动红色方框，并在图形中快速定位。也可以直接在需要显示的区域上单击，这样即可使该区域在窗口中显示。

2.1.5　切换屏幕显示模式

在 Illustrator CS6 中有 3 种不同的屏幕显示模式，分别为正常屏幕模式、有菜单的全屏模式和全屏模式。可以分别通过单击工具箱底部的不同按钮或按【F】键来实现。

- ▢（正常屏幕模式）：单击它时可以切换到标准显示模式。在这种模式下，Illustrator 的所有组件，如菜单栏、标题栏和状态栏都将显示在屏幕上，如图 2-13 所示。
- ▢（带有菜单栏的全屏模式）：单击它时屏幕显示模式切换到带有菜单栏的全屏显示模式。在这种模式下，Illustrator 的标题栏和状态栏被隐藏起来，如图 2-14 所示。
- ▢（全屏模式）：单击它时屏幕显示模式切换到全屏显示模式。在 Illustrator 中，全屏模式隐藏除工具和控制面板外的所有窗口内容，以获得图形的最大显示空间，如图 2-15 所示。

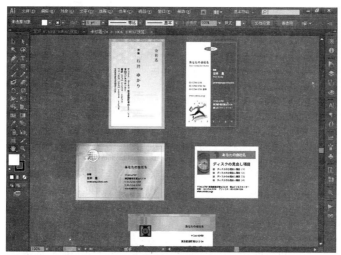

图 2-13　正常屏幕模式

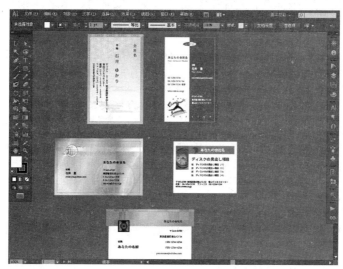

图 2-14　带有菜单栏的全屏模式

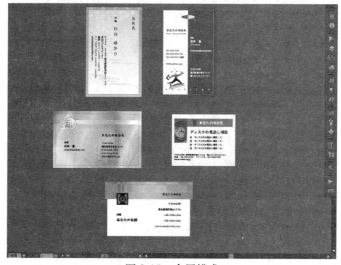

图 2-15　全屏模式

按【F】键可以在 3 种屏幕显示模式之间进行切换。

2.2　如何使用参考线、标尺与网格

Illustrator CS6 提供了很多辅助绘制图形的工具，大多在【视图】菜单中。这些工具对图形不做任何修改，但是对绘制的图形有所参考。这些工具可以用于测量和定位图形，熟练应用可以提高绘制图形的效率。

2.2.1　参考线与标尺

为了精确绘制图形，Illustrator CS6 提供了参考线、标尺与网格等功能，帮助用户在操作过程中迅速、准确的定位坐标点，而且参考线可以设置成垂直、水平、斜向以及默认值效果，还可以在屏幕上任意移动以及改变它的方向。

通过创建零点标尺的方法能重新设定标尺的零点位置。

创建零点标尺操作很简单：将光标移至水平与垂直标尺栏的交点位置处，按下左键不放，向页面中拖动，此时，在屏幕上拉出了两条相交垂直线，拖至适当位置处松开左键，标尺上的零点就将被设定于此处，其水平直线与垂直标尺的相交点便是垂直标尺的零点位置；垂直直线与水平标尺的交点便是水平标尺的零点位置了。

上机实战　设置参考线

1　在【编辑】菜单中执行【首选项】→【参考线与网格】命令，弹出如图 2-16 所示的【首选项】对话框。

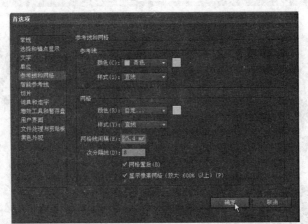

图 2-16　【首选项】对话框

2　在【首选项】对话框中双击参考线后的颜色，弹出如图 2-17 所示的【颜色】对话框，并在其右上角的颜色区域中单击所需的颜色，选择好后单击【确定】按钮，返回到【首选项】对话框中，接着在【样式】下拉列表中选择【点线】，如图 2-18 所示，单击【确定】按钮。

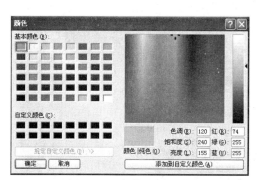

图 2-17　【颜色】对话框

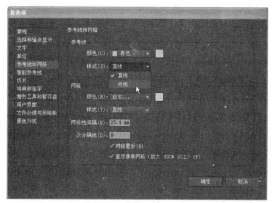

图 2-18　【首选项】对话框

　　3　按【Ctrl＋R】键显示标尺栏，按【Tab】键隐藏工具箱和控制面板，然后将光标移到水平标尺栏上，按下左键向画面拖出一条直线到适当位置，如图 2-19 所示，松开左键即可得到一条参考线，如图 2-20 所示。

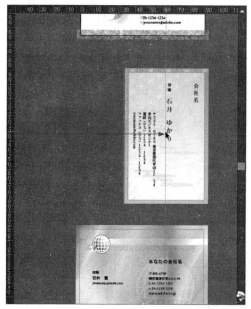

图 2-19　拖出参考线

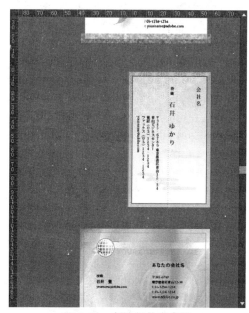

图 2-20　创建好的参考线

　　4　参考线是可以被移动的，如果不能移动参考线，那么它已给锁定了。可以将光标移到参考线上右击，在弹出的快捷菜单中单击【锁定参考线】命令，如图 2-21 所示，取消参考线的锁定。

　　5　移动光标到参考线上，按下左键向左拖动，如图 2-22 所示，将参考线拖至适当的位置，如图 2-23 所示，松开左键即可。

　　6　在工具箱中双击旋转工具，并在弹出的对话框中设定【角度】为 5 度，如图 2-24 所示，单击【复制】按钮，就可将参考线进行旋转并复制，如图 2-25 所示。

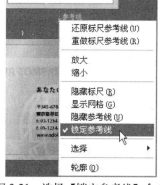

图 2-21　选择【锁定参考线】命令

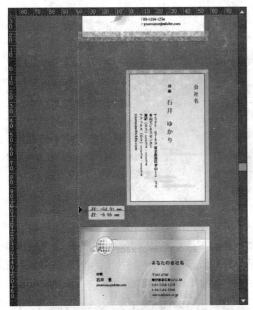

图 2-22　拖动参考线时的状态

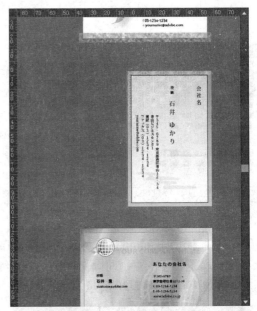

图 2-23　改变参考线位置

如果不需要复制，直接单击【确
定】按钮即可按指定的角度旋转
参考线。

图 2-24　【旋转】对话框

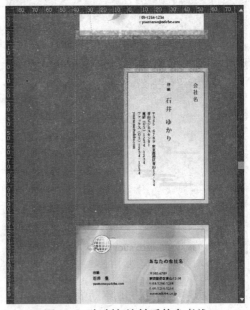

图 2-25　复制与旋转后的参考线

2.2.2　网格

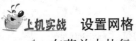　设置网格

　　1　在菜单中执行【视图】→【网格】命令，在绘图窗口中就会显示如图 2-26 所示的
网格。

　　2　在菜单中执行【编辑】→【首选项】→【参考线与网格】命令，在如图 2-27 所示的
对话框中可设置网格的颜色、样式、网格线间距、次分隔线等选项。

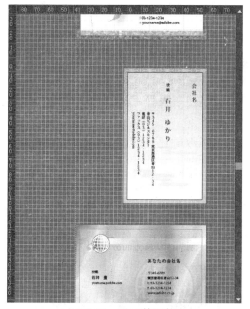

图 2-26　显示的网格

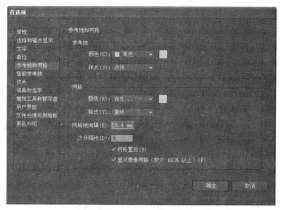

图 2-27　【首选项】对话框

2.2.3　度量工具

度量工具可以测量图形中任何两点之间的距离、宽度、高度和角度。

上机实战　使用度量工具测量图形

1　从配套光盘的素材库中打开一个需要测量的图形，如图 2-28 所示。

2　在菜单中执行【窗口】→【信息】命令，显示【信息】面板，接着在工具箱中选择 度量工具，如图 2-29 所示，再移动光标到寿司左边向右边拖动，在拖动的同时【信息】面板中随时记录下光标移动时的信息，如图 2-30 所示，到达适当位置后松开左键，即可在【信息】面板中查看相关信息。如宽度为 109.439mm，高度为-6.929mm，D（距离）为 109.658mm，角度为 3.623°。

图 2-28　打开的文档

图 2-29　选择度量工具

图 2-30　用度量工具拖动时的状态

2.3 在对象之间复制属性

可以使用吸管工具复制 Illustrator 档案中任何对象的外观和颜色属性，包括透明度、动态特效和其他属性。

根据默认值，吸管工具会影响对象的所有属性。可以使用吸管工具的选项对话框设置它所影响的程度。也可以使用吸管工具复制和粘贴文字属性。

利用吸管工具可以从其他已经存在文档中的图形内吸取颜色，给该文档中所选的图形对象填充颜色。同时也可利用它复制对象的属性。

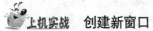
上机实战 吸管工具的使用

1 从配套光盘的素材库中打开一个图形文件，如图 2-31 所示。

2 在工具箱中选择 直接选择工具，再移动指针到画面中单击一条鱼以选择它，如图 2-32 所示。

图 2-31　打开的文档

图 2-32　选择对象

3 在工具箱中选择 吸管工具，如图 2-33 所示，再移动指针到矩形上单击，即可将鱼的属性改为所单击矩形的属性，如图 2-34 所示。

图 2-33　吸管颜色

图 2-34　复制属性后的效果

2.4 创建新窗口

可以为一个图形创建多个窗口，使在不同的视图窗口中可以查看文档的不同部分。

上机实战 创建新窗口

1 从配套光盘的素材库中打开一个图形文档，在菜单中执行【窗口】→【新建窗

口】命令，即可创建一个新窗口，如图 2-35
所示。

　　2　在菜单中执行【窗口】→【平铺】
命令，可以将两个窗口进行平铺，如图 2-36
所示。

　　3　在 "06.ai*:2" 窗口的左下角显示比
例下拉列表中选择 200%，将该窗口的显示
比例设定为 200%，再按住空格键拖动图形
到适当位置，而 "06.ai*:1" 则不变，如图 2-37
所示。

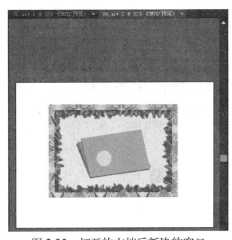

图 2-35　打开的文档后新建的窗口

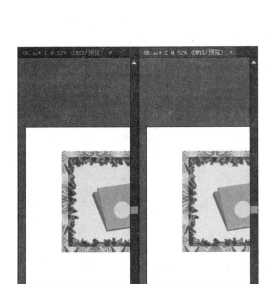

图 2-36　平铺窗口

图 2-37　放大一个窗口

2.5　本章小结

　　本章结合简单的实例介绍了抓手工具、缩放工具、【导航器】对话框、切换屏幕显示模
式等图形查看工具，以及标尺、参考线、网格、度量工具、吸管工具、油漆桶工具等辅助工
具的操作方法与功能。

2.6　习题

　　一、填空题

　　1. Illustrator CS6 提供了_____、_____、_____和【导航器】面板等多种方式，使用户
可以方便地按照不同的放大倍数查看图形的不同区域。

　　2. Illustrator CS6 中有 3 种不同的屏幕显示模式，分别为_____、有菜单的全屏模式
和_____。分别通过单击工具箱底部的不同按钮或按【F】键来实现。

二、选择题

1. 按以下哪组快捷键可以以图形的当前显示区域为中心放大比例? ( )

    A. Ctrl + +   B. Ctrl + -   C. Ctrl + *   D. Ctrl + \

2. 以下哪组快捷键可以显示或隐藏标尺栏? ( )

    A. Ctrl + T   B. Ctrl + G   C. Ctrl + R   D. Ctrl + C

3. 以下哪组快捷键可以以图形的当前显示区域为中心缩小比例? ( )

    A. Ctrl + +   B. Ctrl + -   C. Ctrl + *   D. Ctrl + \

4. 以下哪组快捷键可以显示或隐藏参考线? ( )

    A. Ctrl + '   B. Ctrl + ;   C. Ctrl + \\   D. Ctrl + R

第 3 章　图形的选择

教学提要

本章结合实例对 Illustrator 中所有的选择工具与选择命令进行讲解。使读者熟练掌握各种选择工具与命令的作用与操作方法及其应用。

教学重点

➢ 使用各种选择工具
➢ 使用菜单命令选择对象

在 Illustrator 中提供了多种选择工具(包括选择工具、直接选择工具、编组选择工具、魔棒工具和套索工具)和选择命令，帮助用户快速、准确地选择所需的对象进行修改与编辑。

3.1　选择工具

使用选择工具可以选择整个路径，也可以选取成组的图形或文字块，还可以拖出一个虚框框选出图形的一部分或全部来选取整个图形或多个图形。

3.1.1　选择工具选项

如果新建的空白文档或者在打开的文档中没有选择任何对象，在工具箱中选择选择工具后，将会在选项栏中显示它的相关选项，如图 3-1 所示。

图 3-1　选择工具的控制栏

● ■■（填色）按钮：单击该按钮，将弹出如图 3-2 所示的【色板】面板，可以在其中直接选择所需的颜色为对象进行颜色填充，或者设置预设的填充颜色。如果按着【Shift】键单击该按钮，则会弹出如图 3-3 所示的【颜色】面板，可以在其中拖动滑块或直接在文本框中输入所需的数值来设置所需的填充颜色。

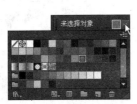

图 3-2　【色板】面板

图 3-3　【颜色】面板

- ▣▾ (描边颜色) 按钮：单击该按钮，同样会弹出【色板】面板，可以在其中选择所需的颜色设置对象的轮廓色；按住【Shift】键单击该按钮，将弹出【颜色】面板，可以在其中拖动滑块或直接在文本框中输入所需的数值设置对象的轮廓色。
- 【描边】：在选项栏中单击【描边】，将弹出如图 3-4 所示的【描边】面板，可以根据需要在其中设置轮廓的粗细、箭头、样式等。
- ▾ 1 pt ▾：在该选项栏中可以选择或设置所需的描边粗细，也就是轮廓宽度。
- —— 等比 ▾：在该列表中可以选择所需的配置文件。
- • 5 点圆形 ▾：单击该按钮，弹出如图 3-5 所示的【画笔】面板，在其中可以选择所需的画笔来绘画。
- 样式 □▾：单击该按钮，将弹出如图 3-6 所示的【图形样式】面板，在其中可以直接选择所需的样式应用到选择的对象上，或将要绘制的对象上。

图 3-4 【描边】面板

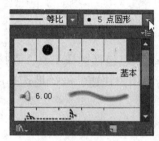

图 3-5 【画笔】面板

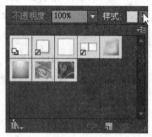

图 3-6 【图形样式】面板

- 【不透明度】：单击该选项，将弹出如图 3-7 所示的【不透明度】面板，可以根据需要在其中设置对象的透明度等，也可以在【不透明度】文本框中输入所需的数值，或直接拖动滑杆上的滑块调整不透明度。
- ▣▾：单击该按钮，可以选择类似的对象，单击▣▾后的▾按钮，会弹出如图 3-8 所示的菜单，可以在其中选择所需的选项。
- 【文档设置】：单击该按钮，将弹出如图 3-9 所示的【文档设置】对话框，可以根据需要在其中设置文档的单位、出血位等。

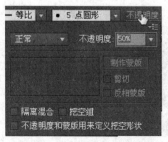

图 3-7 【不透明度】面板

图 3-8 选择类似的对象

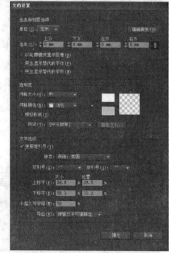

图 3-9 【文档设置】对话框

● 【首选项】：单击该按钮，将弹出如图
3-10 所示的【首选项】对话框，可以
根据需要设置文字、参考线和网格、
切片、用户界面等相关的选项，从而
使软件更适应自己的工作方式。

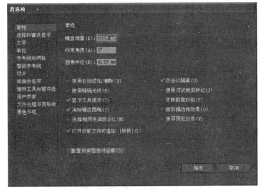

图 3-10　【首选项】按钮

3.1.2　选择与移动对象

可以使用选择工具直接单击某个对象以
选择对象，也可以框选一个或多个对象，或者
按住【Shift】键单击多个不连续的对象，以选
择多个对象。选择好对象后就可以将对象移动到所需的位置，也可以将对象进行准确数值的
移动。

上机实战　选择与移动对象

1　按【Ctrl＋O】键从配套光盘的素材库中打开一个绘制好的文档，如图 3-11 所示。

2　从工具箱中选择 ▶ 选择工具，接着移动指针到画面中单击要选择的对象，即可在所
单击的对象周围出现一个调整框（也称选框），如图 3-12 所示。

图 3-11　打开的文档

图 3-12　选择对象

3　如果要准确移动指定的距离，可以在工具箱中双击 ▶ 选择工具，弹出如图 3-13 所示
的【移动】对话框，在【位置】栏的【水平】文本框中均输入-20mm，在【垂直】文本框中
输入 0mm，【距离】与【角度】文本框中采用自动值，单击【确定】按钮，即可将选择的对
象向左移动 20mm，画面效果如图 3-14 所示。

如果还需要以相同方向等距离的移动对象，可以按【Ctrl＋D】键以相同距离再次
向左移动 20mm；如果想随意移动对象，只需将指针移向选框内按下左键将对象
拖动到所需的位置即可。

4　如果要同时选择多个图形对象，可以拖出一个虚框框选这些图形对象的一部分，如
图 3-15 所示，松开左键后即可选择被框选的图形对象，如图 3-16 所示。

图 3-13 【移动】对话框

图 3-14 移动对象后的效果

图 3-15 拖出虚框

图 3-16 框选的对象

5 如果要选择不连续的对象，可以先在画面中单击一个对象以选择它，如图 3-17 所示，再按下【Shift】键单击另一个要选择的对象，即可将这两个不连续的对象选择，如图 3-18 所示。

图 3-17 选择对象

图 3-18 选择对象

3.1.3　复制对象

可以使用选择工具结合【Alt】键移动并复制对象，也可以双击选择工具在弹出的【移动】对话框中设置所需的移动距离，单击【复制】按钮来复制对象。

上机实战　移动并复制对象

1　在画面中选择仙鹤，再在其上按下左键向右拖移。

2　在拖移的同时按下【Alt】键，指针就变成 状，如图 3-19 所示；到达适当位置后松开左键和【Alt】键，即可复制一个对象，如图 3-20 所示。

图 3-19　按下【Alt】键时的状态　　　　图 3-20　复制后的效果

3.1.4　调整对象

可以使用选择工具调整对象的大小，也可以将对象进行任一角度的旋转。

上机实战　调整对象大小并旋转对象

1　在画面中选择要调整大小的图形对象，将指针指向调整框的任一控制点，当指针成 状（如图 3-21 所示）时，按下左键向右拖移，如图 3-22 所示，松开左键后即可将圆形调整为椭圆形，同时大小也发生了变化，如图 3-23 所示。

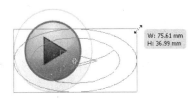
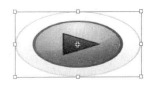

图 3-21　指向控制点的状态　　　图 3-22　拖动时的状态　　　图 3-23　调整后的结果

2　将指针指向调整框的任一控制点旁边，当指针呈弯曲双向箭头状 时，按下左键进行拖动，如图 3-24 所示，到达一定角度后松开左键，即可将图形对象进行一定角度的旋转，如图 3-25 所示。

使用选择工具指向调整框的任一控制点，当指针成 状、 状、 状或 状时，按下左键向内、外、左、右、上、下拖动，都可调整图形的大小。

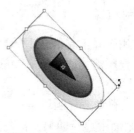

图 3-24　指向控制点的状态　　　　　　　　　图 3-25　旋转后的结果

　　按住【Shift】键使用选择工具拖动选框可以将对象进行 45 度旋转。按【Shift】键可等比缩小或放大对象。

3.2　直接选择工具

1. 选择和移动锚点

　　使用直接选择工具可以选取单个锚点或某段路径单独修改，也可以选取组合图形内的锚点或路径单独修改。直接选择工具在 Illustrator 程序中使用频率较高。

上机实战　使用直接选择工具选择和移动锚点

　　（1）选择锚点

　　1　从工具箱中选择■矩形工具，在画面中直接按下左键进行拖动，以拖出一个矩形，如图 3-26 所示。

　　2　在工具箱中选择▶直接选择工具，从图形对象的右下方向左上方拖出一个选框，框选出矩形右边的两个锚点，如图 3-27 所示，松开左键后即可选择这两个锚点，如图 3-28 所示。

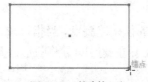

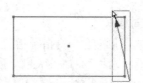

图 3-26　绘制矩形　　　　　　图 3-27　框选锚点　　　　　　图 3-28　选择的锚点

　　（2）移动锚点

　　3　将指针指向矩形右边的边框上，在呈▶状时按下左键向左下方拖动，如图 3-29 所示，达到所需的形状后松开左键，即可将矩形转换成平行四边形，如图 3-30 所示。

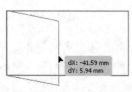

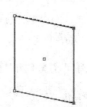

图 3-29　拖动时的状态　　　　　　　　图 3-30　改变形状后的结果

2. 删除锚点

　　使用直接选择工具还可以删除选中锚点和连结该锚点的两条或一条线段，也可以删除选中的线段。

使用直接选择工具删除锚点

1 在画面中选择一个锚点，如图 3-31 所示，在键盘上按【Delete】键即可清除选中锚点和连结该锚点的两条线段，如图 3-32 所示。

图 3-31　选择锚点　　　　　　　　　图 3-32　删除后的结果

2 按【Ctrl＋Z】键撤销前一步的操作，在平行四边形旁边的空白处单击取消选择，如图 3-33 所示，如果要删除某线段，则需将指针移到图形的轮廓线（也称路径）上，当指针呈 ▶. 状时单击，即可在选取该对象的同时选择指针所指的直线段，按【Delete】键即可将该直线段删除，如图 3-34 所示。

图 3-33　取消选择　　　　　　　　　图 3-34　选择一段并删除后的结果

3. 修改图形形状

使用直接选择工具可以通过移动某线段或移动曲线上的控制点改变图形的形状。

使用直接选择工具修改图形形状

（1）改变直线段形状

1 使用矩形工具在画面中绘制一个矩形，如图 3-35 所示，再使用直接选择工具选择右上角的锚点，如图 3-36 所示，然后按下左键向左下方拖移，如图 3-37 所示，得到所需的形状后松开左键，即可将矩形的形状进行改变，如图 3-38 所示。

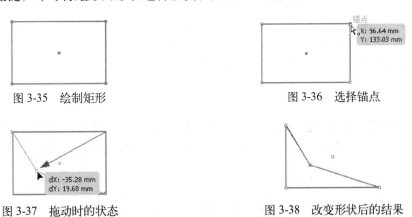

图 3-35　绘制矩形　　　　　　　　　图 3-36　选择锚点

图 3-37　拖动时的状态　　　　　　　图 3-38　改变形状后的结果

可以使用直接选择工具移动图形对象。只需将指针移到图形对象内,当指针呈♀状时单击,选择所有锚点,然后按下左键向所需的方向移动即可。

（2）改变曲线段形状

2 在工具箱中选择▉椭圆工具,移动指针到画面中,按下左键拖出一个椭圆,达到所需的大小后松开左键绘制一个椭圆,如图 3-39 所示。

3 在工具箱中选择直接选择工具,移动指针到椭圆上边的锚点上单击,选择该锚点,同时出现两条控制杆和两个手柄（称为控制点）,如图 3-40 所示,再将该锚点向下拖至适当位置,改变椭圆的形状,如图 3-41 所示。

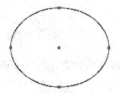

图 3-39　绘制椭圆

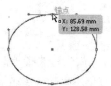

图 3-40　选择锚点

4 在画面中将指针指向锚点右边控制点上,当指针呈♀状时按下左键向下拖动,到达一定形状后,松开左键,即可完成对曲线段的调整,如图 3-42 所示。

图 3-41　拖动锚点后的结果

图 3-42　拖动控制点后的结果

 在选取某个或多个锚点时,如果图形上所有的锚点成被选中状态,可以使用直接选择工具框选要选择的某个或多个锚点,也可以先取消选择,再单击要选择的锚点。如果图形上所有的锚点成未选中状态,可以使用直接选择工具框选多个锚点或单击某个锚点。

3.3　编组选择工具

使用编组选择工具可以选定一个组内的对象、一个复合组内的一个组或一个线稿中的一个组集。在组集中每单击一次,都会将这个组集中下一个组或对象添加到选区内。使用编组选择工具也可以将所选的对象移动到其他任何一个地方,或者用于取消图形的选择。

3.3.1　创建组

将一些对象群组在一起便创建了组,组可以方便对象一起移动、调整、编辑和管理。将一个组与另一个对象或组进行群组便创建了组集,同样可以方便对象的编辑、调整和管理。

上机实战　创建组

1 从配套光盘的素材库中打开一个要群组的对象,或者将前面已经绘制好的图形进行

渐变填充并旋转复制多个对象，如图 3-43 所示。

　　2　在工具箱中选择选择工具，在画面中拖出一个虚框，以框住所有对象，即可将所有的对象选择，如图 3-44 所示。在菜单中执行【对象】→【群组】命令，将选择的所有对象编成一组。

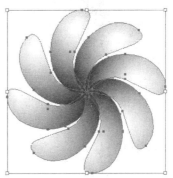

图 3-43　打开的文档　　　　　　　　　　　图 3-44　选择对象并群组

　　3　按【Ctrl + C 】键与【Ctrl + V】键复制一组对象，如图 3-45 所示，按【Alt + Shift】键将副本等比缩小，缩小后的效果如图 3-46 所示。再使用选择工具框选所有对象，然后在菜单中执行【对象】→【群组】命令，将所有对象创建成一组集，结果如图 3-47 所示。

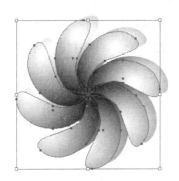

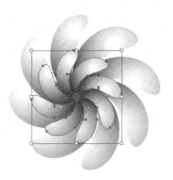

图 3-45　复制对象　　　　　　图 3-46　缩小副本　　　　　　图 3-47　全选并群组

3.3.2　使用编组选择工具

　　使用▥编组选择工具可以在组中选择与移动单个对象，按住【Shift】键连续单击组中的其他对象，可以同时选择所单击的对象。

　上机实战　**使用编组选择工具选择对象**

　　1　在工具箱中选择▥编组选择工具，并在画面中图形旁边空白处单击取消对图形的选择。

　　2　在编组图形中单击某一个对象，即可选择这个对象，如图 3-48 所示；可以将其移动到所需的位置，如图 3-49 所示。

　　　如果再在选择的对象上单击一次，则将这个对象所在的组选择，如果接着在弧线
TIPS▶　上单击一次，则将这个组集中的另一个图形对象添加到选区。

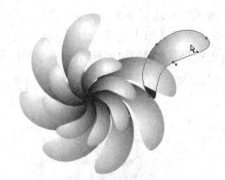

图 3-48　选择对象　　　　　　　　　　图 3-49　移动对象

3.4　魔棒工具

使用魔棒工具可以选取具有相同（相似）填充色、描边色、描边宽度以及混合模式的图形对象。

上机实战　使用魔棒工具选择对象

1　按【Ctrl＋O】键从配套光盘的素材库中打开一个图形文件，如图 3-50 所示。

2　在工具箱中双击魔棒工具，弹出【魔棒】面板，再单击按钮展开面板，如图 3-51 所示，默认情况下只选择填充颜色。移动指针到画面中单击浅蓝色的线条，即可将所有的浅蓝色线条选择，如图 3-52 所示。

图 3-50　打开的文件　　　　图 3-51　【魔棒】面板　　　　图 3-52　选择对象

【魔棒】面板中各选项说明如下：

- 【容差】：用来控制选定的颜色范围，值越大，颜色区域越广。
- 【填充颜色】：选择该选项后，可以选取出填充颜色相同（或相似）的图形。
- 【描边颜色】：选择该选项后，可以选取出描边颜色相同或相似的图形。
- 【描边粗细】：选择该选项后，可以选取描边粗细相同或相近的图形。
- 【不透明度】：选择该选项后，可以选取不透明度相同或相近的图形。
- 【混合模式】：选择该选项后，可以选取相同混合模式的图形。

3 在【魔棒】面板中取消【填充颜色】的勾选，勾选【描边颜色】选项，再在画面中单击浅蓝色的线条，结果只选择所有浅蓝色的线条，如图 3-53 所示。

3.5　套索工具

使用套索工具可以框选所需的锚点或对象或某一段路径，也可以用于取消对图形对象选择。按下左键拖动时，在套索工具拖动轨迹上经过的所有路径段将被同时选中。

图 3-53　选择相同描边颜色的对象

![上机实战] **使用套索工具选择对象**

1 从工具箱中选择套索工具，在图形上按下左键拖动，如图 3-54 所示。

2 松开左键后可以将套索工具经过的路径选择，同时还选择了该工具所经过的一些锚点，如图 3-55 所示。

图 3-54　用套索工具拖动时的状态

图 3-55　选择的对象

 如果按住【Shift】键在图形上拖动，可以将其他对象添加到选区。如果按住【Alt】键在选区内拖动，则会把所选锚点从选区中减去。

3.6　使用菜单命令选择对象

使用【选择】菜单中的各命令，可以选择当前文档中的全部对象、取消对象的选择或反向选择，也可以选择具有相同的外观、外观属性、混合模式、填色和描边、填充颜色、不透明度、描边颜色、描边粗细、图形样式、符号实例等对象，还可以将选择进行存储与编辑，如图 3-56 所示。

图 3-56　【选择】菜单

3.6.1 选择和取消选择

使用【选择】菜单中的【全部】命令可以选择当前文档中的所有对象，使用【取消选择】命令可以将当前选择的对象取消选择，取消选择后还可以使用【重新选择】命令重新选择。

如果在画面中有一部分对象（把它称为 A）已经被选择，但是又想对该选择部分外的所有对象（把它称为 B）进行编辑，可以使用【选择】菜单中的【反向】命令将另一部分对象（B）选择，同时取消 A 的选择，就可以对 B 进行编辑了。

上机实战 选择和取消选择对象

1 按【Ctrl + O】键从配套光盘的素材库中打开一个文档，如图 3-57 所示，然后在菜单中执行【选择】→【全部】命令或按【Ctrl + A】键，可以将画面中所有对象选择，如图 3-58 所示。

图 3-57　打开的文档

图 3-58　全选对象

2 在菜单中执行【选择】→【取消选择】命令，或按【Ctrl + Shift + A】键，可以将所有对象取消选择。

3 在工具箱中选择选择工具，接着按【Shift】键在画面单击要选择的对象以选择它们，如图 3-59 所示，然后在菜单中执行【选择】→【反向】命令，可以将另外一部分对象选择，同时取消开始选择的对象，如图 3-60 所示。

图 3-59　选择对象

图 3-60　反向选区

3.6.2　选择相同属性的对象

　　使用【选择】菜单下【相同】子菜单中的各命令，可以选择具有相同属性的对象，如相同的外观、外观属性、混合模式、填色和描边、填充颜色、不透明度、描边颜色、描边粗细、图形样式、符号实例、链接块系列等对象，如图 3-61 所示。

图 3-61　【选择】菜单

![上机实战] **选择相同属性的对象**

　　1　使用选择工具在画面中单击一个设定了不透明度的对象，如图 3-62 所示，再在菜单中执行【选择】→【相同】→【不透明度】命令，可以选择不透明度相同的所有对象，如图 3-63 所示。

图 3-62　选择对象

图 3-63　选择相同不透明度的对象

　　2　如果要在画面中选择相同填色和描边的对象，如图 3-64 所示，可以在菜单中执行【选择】→【相同】→【填色和描边】命令，将画面中所有相同填色和描边的对象选择，如图 3-65 所示。

图 3-64　选择对象

图 3-65　选择相同填色与描边的对象

3.6.3　存储选择

　　可以将已有选择存储起来，以便下次应用与编辑。

上机实战　存储选择

1　在【选择】菜单中执行【存储所选对象】命令，弹出【存储所选对象】对话框，在其中的【名称】文本框中给该选区进行命名（如 002），如图 3-66 所示，然后单击【确定】按钮，即可将该选区存储起来。

2　如果通过一段时间的编辑，又想重新选择 002 选区，可以在菜单中执行【选择】→【002】，将 002 选区重新选择。

图 3-66　【存储所选对象】对话框

3.7　本章小结

本章主要结合简单的实例对选择工具（包括选择工具、直接选择工具、编组选择工具、魔棒工具和套索工具）与相关选择命令（包括选择、取消选择、选择相同的属性对象与存储选择等命令）的操作方法与作用进行了细的讲解，同时还讲解了一些高级操作技巧，如移动动对象、复制对象、调整对象、缩放对象、群组对象等。通过本章的学习，读者应该熟练掌握使用选择工具、直接选择工具、编组选择工具、魔棒工具或套索工具在文件中选择一个对象、多个对象、对象的一部分、对象的某个锚点或多个锚点等的方法，并且还可以使用【选择】菜单来选择对象、存储选择、载入选区、重新选择等操作。

3.8　练习

一、填空题

1. 在 Illustrator 中，为了快速、准确地选择所需的对象进行修改与编辑，提供了多种选择工具(其中包括_____、直接选择工具、_____、_____和_____)和选择命令。

2. 将一些对象编组在一起便创建了组，可以方便对象的一起移动、_____、_____和_____。

二、选择题

1. 按以下哪个组合键可将所有选择的对象取消选择。　　　　　　　　　　　　（　　）

　　A. Shift + A　　　　　　B. Ctrl + Alt + A　　　C. Ctrl + A　　　　　　D. Ctrl + Shift + A

2. 使用【选择】菜单中的哪个命令可以选择当前文档中的所有对象？　　　　　（　　）

　　A.【反向】命令　　　　　　　　　　B.【取消选择】命令

　　C.【重新选择】命令　　　　　　　　D.【全部】命令

3. 使用以下哪个工具可以选取具有相同（相似）填充色或描边色或描边宽度或混合模式的图形对象？　　　　　　　　　　　　　　　　　　　　　　　　　　　　　　　　（　　）

　　A. 魔棒工具　　　　B. 直接选择工具　　　C. 选择工具　　　　D. 编组选择工具

4. 按以下哪个键用选择工具拖动选框可以将对象进行 45 度旋转？　　　　　　（　　）

　　A. Shift　　　　　　　　B. Ctrl　　　　　　　　C. Ctrl + Shift　　　　D. Ctrl + Alt

第 4 章　基础绘图

教学提要

本章结合实例重点介绍使用钢笔工具与铅笔工具绘制路径及图形的方法，同时还详细讲述了基本图形工具的操作方法及应用。

教学重点

➢ 绘制路径
➢ 调整路径
➢ 绘制基本图形
➢ 描绘图形
➢ 用钢笔工具与铅笔工具绘图

4.1　关于路径

路径是由一条、多条线段或曲线组成。路径既可以是开放的，也可以是封闭的。封闭的路径是一条连续的、没有起点或终点的路径。开放的路径具有不同的端点。

锚点（锚点）是定义路径中每条线段的开始和结束点，通过它们来固定路径。通过移动锚点，可以修改路径段，以及改变路径的形状。

一条开放路径的开始锚点和最后锚点叫做端点。如果要填充一条开放路径，程序将会在两个端点之间绘制一条假想的线长并且填充该路径。

路径可以有两种锚点——转角控制点和平滑控制点。在转角控制点上，路径会突然地改变方向。在平滑控制点上，路径段会连接为一条连续曲线。可以使用转角控制点和平滑控制点的任意组合，绘制一条路径。如果在绘制时绘制出错误的控制点，随时都可以更改。一个转角控制点可以连接直线段或曲线段。

在 Adobe Illustrator 中，使用绘图工具绘制的所有对象，无论是孤立的直线、曲线或是规则的、不规则的几何形状，甚至使用文字工具所创建的文字，它们的轮廓均可以称为路径。绘制一条路径之后，可以通过改变它的大小、形状、位置和颜色并对它进行编辑。

4.2　用钢笔工具绘制路径

使用钢笔工具可以绘制三角形、四边形、梯形、五边形，或者是简单的、复杂的和精确的各种各样的图形和路径。使用钢笔工具可以创建直线和相当精确的平滑、流畅曲线。

上机实战　使用钢笔工具绘制路径

（1）绘制直线

1　按【Ctrl＋N】键新建一个文档。从工具箱中选择 钢笔工具，在画面中单击一点作为起点，然后移动指针到第二点处单击，如图 4-1 所示，即可得到一条直线段，如图 4-2 所示。

2　按住【Ctrl】键在路径以外的空白处单击取消选择，即可得到一条直线，如图 4-3 所示。

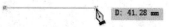

图 4-1　移动到第二点时状态　　　　图 4-2　在第二点单击所得的线段　　图 4-3　取消选择后的效果

（2）绘制三角形

3　使用钢笔工具在画面的空白处单击确定起点，再移动指针到另一个适当位置单击确定三角形的第二个顶点上，从而得到三角形的一边。

4　移动指针到第三点处单击确定三角形的第三个顶点，如图 4-4 所示，然后返回到起点处，当指针呈 状时单击，即可完成三角形的绘制，结果如图 4-5 所示。

图 4-4　绘制三角形　　　　　　　　　　　　　　图 4-5　绘制好的三角形

（3）使用钢笔工具绘制曲线

5　使用钢笔工具在画面中先单击一点作为起点，然后在第二点处按下左键并向所需的方向拖动，即可得到一条平滑的曲线，如图 4-6 所示。

6　在第三点处按下左键并向所需的方向拖动，同样得到一条曲线段，如图 4-7 所示，按【Ctrl】键在空白处单击即可完成曲线的绘制，如图 4-8 所示。

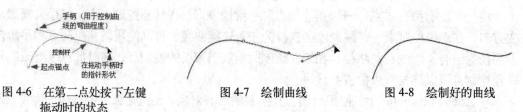

图 4-6　在第二点处按下左键　　　　图 4-7　绘制曲线　　　　图 4-8　绘制好的曲线
　　　　 拖动时的状态

上机实战　使用钢笔工具绘制一条鱼

1　选择 钢笔工具，在画面中单击一点作为起点，再移动指针到第二点处按下左键进行拖动，绘制出鱼的上嘴唇。

2　使用同样的操作方法绘制出鱼的头（头部为曲线），在要绘制背鳍的地方将指针指向锚点处，当指针呈 状时单击即可将末端控制杆删除，这样就能很好的绘制接下来的曲线。

移动指针到另一点处按下左键进行拖动，绘制一条曲线段，然后使用同样的方法绘制鱼的形状，即可得到一个封闭的图形，如图 4-9 所示为绘制鱼的过程。

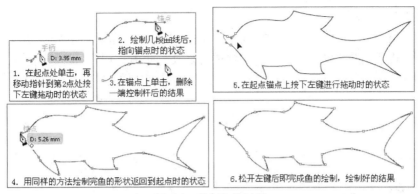

图 4-9　绘制鱼的过程

　可以删除末端控制杆，当指针成 状时单击即可将末端控制杆删除。如果要绘制封闭图形，在绘制好形状后返回到起点，当指针成 状时单击即可得到一个封闭的路径。使用钢笔工具移到选择路径上的路径段上，当指针成 状时单击可以添加一个锚点；当移动指针指向锚点成 状时单击，可以删除该锚点。也可以使用直接选择工具对绘制好的路径进行调整。

4.3　用铅笔工具绘制任意形状的路径

使用铅笔工具可以绘制开放和封闭路径，就如同在纸上用铅笔绘图一样。这对速写或建立手绘外观很有帮助。在绘制完成路径后，可以随时对路径进行修改。

锚点是用铅笔工具绘制时所设定的，不需要决定锚点的位置。在路径绘制完成后，可以对其做调整。锚点的数目是由路径的长度和复杂度，以及【铅笔工具选项】对话框的逼真度设定所决定的。这些设定可以控制鼠标或绘图板上数字笔移动铅笔工具的敏感度。

4.3.1　使用铅笔工具绘制路径

上机实战　使用铅笔工具绘制路径

（1）绘制开放式路径

1　在【窗口】菜单中执行【颜色】命令，弹出【颜色】面板，在其中设置填色为无，描边颜色为黑色，如图 4-10 所示。从工具箱中选择 铅笔工具，在画面中按下左键拖动，在拖动时根据所想要绘制的图形轮廓进行绘制，达到一定形状后，松开左键，即可得到一条开放式的线条，如图 4-11 所示。

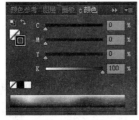

图 4-10　【颜色】面板

图 4-11　绘制曲线

（2）更改曲线（路径）形状

2 将指针移到曲线上，当指针成 ✐ 状时，按下左键向所需的方向拖动，如图 4-12 所示，得到所需的形状后松开左键，将曲线的形状进行修改，如图 4-13 所示。

图 4-12 编辑曲线时的状态

图 4-13 编辑好后的结果

3 如果要在旁边绘制另一条曲线，则需将指针移到曲线外，当指针成 ✐ₓ 状时，如图 4-14 所示，按下左键向所需的方向拖动，得到所需的形状后松开左键，得到如图 4-15 所示的效果。

图 4-14 移动到旁边时的状态

图 4-15 绘制另一条曲线

4 如果不需要改变形状，而是需要从曲线上直接绘制另一条曲线，可以在工具箱中双击 ✐ 铅笔工具，弹出如图 4-16 所示的【铅笔工具选项】对话框，并在其中取消【编辑所选路径】选项的勾选，单击【确定】按钮。再在刚绘制并选择的曲线上进行绘制，此时不会修改曲线而是另外绘制一条曲线了，如图 4-17 所示。

图 4-16 【铅笔工具选项】对话框

图 4-17 绘制另一条曲线

【铅笔工具选项】对话框中各选项说明如下：

- 【保真度】：用来控制鼠标或数字笔必须移动的距离，使 Illustrator 将新的锚点加入路径中。"逼真度"的范围是 0.5 ～ 20 像素；数值越高，路径越平滑且越简单。
- 【填充新铅笔描边】：选择该选项，可以使用当前设置好的填色对要绘制的图形进行颜色填充。
- 【平滑度】：可以控制所使用的平滑量。"平滑"的范围从 0% ～ 100%，数值越高，路径越平滑。
- 【保持选定】：用来决定 Illustrator 是否要保留绘制好后对路径的选取。
- 【编辑所选路径】：决定是否可以使用铅笔工具改变（修改）现有（当前选择）的路径。
- 【范围】：决定如果要使用铅笔工具编辑现有路径时，鼠标或数字笔与该路径之间的接近程度。只有在选取【编辑所选路径】选项时才能使用此选项。

4.3.2 使用铅笔工具绘制封闭路径

上机实战 使用铅笔工具绘制封闭路径

1 在工具箱中选择✐铅笔工具，移动指针到适当位置按下左键拖动，如图 4-18 所示。

2 当路径大小和形状符合所需时，返回到起点处按下【Alt】键，当指针成✐状时松开左键，即可得到一个封闭的路径，如图 4-19 所示。

图 4-18 用铅笔工具绘制时的状态　　　　　　图 4-19 绘制好的路径

4.3.3 使用铅笔工具绘制公仔

上机实战 使用铅笔工具绘制公仔

1 按【Ctrl＋N】键新建一个文档，在工具箱中选择✐铅笔工具，在画面中拖动指针绘制卡通的头部形状，如图 4-20 所示，绘制的形状还不是想要的形状，需要使用铅笔工具对其进行编辑，编辑后的形状如图 4-21 所示。

 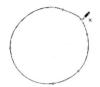

图 4-20 用铅笔工具绘制时的状态　　　　　　图 4-21 绘制好的路径

 如果不能直接进行编辑，可以在【铅笔工具选项】对话框中勾选【编辑所选路径】选项。

2 在头部下方绘制身体的结构图，如图 4-22 所示，如果一次绘制不好，可以使用铅笔工具对其进行再次编辑，编辑形状后的结果如图 4-23 所示。然后使用铅笔工具绘制一些折皱线、眉毛和眼睛，绘制的结果如图 4-24 所示。

图 4-22 绘制身体　　　　　图 4-23 编辑身体形状　　　　　图 4-24 绘制细节

3 按【Ctrl】键单击表示眼睛的对象，选择它，显示【颜色】面板，并在其中设置填色为黑色，如图 4-25 所示，将表示眼睛的对象填充为黑色；接着按【Ctrl + C】键进行复制，再按【Ctrl + V】键进行粘贴，将表示眼睛的对象进行复制，然后按【Ctrl】键将其拖动到左边的眉毛下方，复制与移动后的效果如图 4-26 所示。

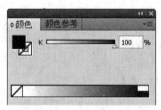

图 4-25　【颜色】面板

图 4-26　给眼睛填充颜色

可以使用缩放工具在画面中单击（或按【Ctrl + +】键）放大画面，也可以按【Alt】键在画面中单击（或按【Ctrl + -】键）缩小画面，调整图形局部。

4 按【Ctrl】键在画面的空白处单击，以取消选择，接着在画面中卡通娃娃头部绘制出阴暗部分，如图 4-27 所示，然后在【颜色】面板中设置填色为浅灰色，描边为无，如图 4-28 所示，得到如图 4-29 所示的效果。

图 4-27　绘制图形

图 4-28　【颜色】面板

图 4-29　填充颜色

5 使用铅笔工具在身体上绘制出阴暗部分，并在【颜色】面板中将填色设置为 K=10%，即浅灰色，描边为无，绘制效果如图 4-30 所示。

6 按【Ctrl】键在表示身体的对象上单击，以选择它，再在【对象】菜单中执行【排列】→【置于底层】命令，将身体排放到最底层；接着按【Ctrl】键选择表示头部的对象，再在【颜色】面板中设置填色为白色，即可得到如图 4-31 所示的效果。

图 4-30　绘制并给图形填充颜色

图 4-31　调整位置后的结果

4.4　绘制简单线条与形状

Illustrator 提供了两组用来建立简单的线条和几何形状的工具。第一组工具包括直线段工具、弧形工具、螺旋线工具、矩形网格工具和极坐标网格工具。第二组工具包括矩形工具、圆角矩形工具、椭圆工具、多边形工具和星形工具。

4.4.1　绘制直线

使用直线段工具可以绘制任一长度或角度的直线、围绕某点旋转的多条直线段和以某点为中心向两端延伸的直线段。可以在画面中拖动绘制任一角度或任一长度的直线，也可以使用【直线段工具选项】对话框绘制确定长度或角度的直线。

上机实战　绘制直线

（1）使用直线段工具绘制直线

1　在工具箱中选择 ▟ 直线段工具，然后在绘图区内确定要绘制直线的起点，在该起点处按下左键向直线延伸的方向拖动，如图 4-32 所示，到达一定长度后松开左键，即可得到一条直线段，如图 4-33 所示，按【Ctrl】键在空白处单击可以取消对直线的选择，如图 4-34 所示。

图 4-32　用直线段工具绘制直线段时的状态　　图 4-33　绘制的直线段　　图 4-34　取消选择后的效果

2　按住【Shift】键的同时，使用直线段工具可以绘制 45°的整数倍方向的直线，如图 4-35 所示。

3　按下【Alt】键的同时，使用直线段工具可以绘制以某一点为中心向两端延伸的直线段。移动指针到步骤 2 中绘制直线的端点处，按下【Alt】键和左键向右拖动，即可得到一条以该端点为中点的直线，如图 4-36 所示。

4　在按下【～】键的同时，使用直线段工具在画面中适当位置以逆时针或顺时针拖动，可以绘制多条直线段，如图 4-37 所示。

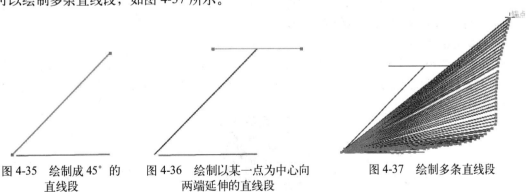

图 4-35　绘制成 45°的　　　图 4-36　绘制以某一点为中心向　　　图 4-37　绘制多条直线段
　　　　　直线段　　　　　　　　　　　两端延伸的直线段

按下【Alt＋～】键的同时，使用直线段工具可以绘制多条通过同一点并向两端延伸的直线段。

（2）使用【直线段工具选项】对话框直接绘制直线

5 在绘图区内单击一点，以确定起点，弹出如图 4-38 所示的【直线段工具选项】对话框，在其中的【长度】文本框中输入 50mm，【角度】文本框中输入 30°（也可以在圆圈内拖动来改变角度），单击【确定】按钮，即可得到如图 4-39 所示的直线。

图 4-38 【直线段工具选项】对话框

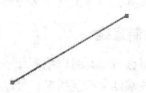

图 4-39 绘制好的直线段

【直线段工具选项】对话框中各选项说明如下：
- 【长度】：用来指定线条的总长度。
- 【角度】：指定从线条的参考点起算的角度。
- 【线段填色】：指定是否使用目前的填色颜色来填色线条。

（3）改变直线的颜色

6 在【颜色】面板中单击描边使它成为当前颜色设置，再单击右上角的小三角形按钮，弹出下拉菜单并选择 CMYK 命令，如图 4-40 所示，使面板的颜色为 CMYK 颜色模式，然后在 CMYK 光谱上单击所需的颜色，改变直线的颜色，如图 4-41 所示。

图 4-40 选择【CMYK】命令

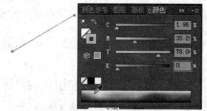

图 4-41 【颜色】面板

（4）改变直线的宽度

7 在控制栏的【描边粗细】列表中选择 5pt，可以将选择的直线加粗，如图 4-42 所示，也可以在【描边】面板中设置线条的粗细。

（5）将直线改为虚线

8. 在菜单中执行【窗口】→【描边】命令，显示【描边】面板，在其中勾选【虚线】选项，再在下方的文本框中分别输入 12pt 与 3pt，如图 4-43 所示，可以将直线改变为虚线，画面效果如图 4-44 所示。

图 4-42 加粗的直线段

图 4-43 【描边】面板

图 4-44 设置描边后的效果

4.4.2　绘制弧线和弧形

使用弧形工具可以绘制任意的弧形和弧线。它的绘制方法与绘制直线段相同。

上机实战　绘制弧线与弧形

1　在工具箱中选择 弧形工具，在画面中确定绘制弧线的起点后，在该起点处按下左键向所需的方向拖动，达到一定长度后松开左键后即可得到一条虚线弧线，如图 4-45 所示，这是因为将直线改为了虚线，因此绘制出的弧线为虚线。

2　在【描边】面板中将【粗细】改为 2pt，取消【虚线】选项的勾选，如图 4-46 所示，将虚线改为实线，效果如图 4-47 所示。

　　图 4-45　绘制虚线弧线

　　图 4-46　【描边】面板

　　图 4-47　设置描边后的效果

> 按【Alt】键在画面中拖动可以绘制以参考点为中心向两边延伸的弧形或弧线。在绘制弧形或弧线时按下空格键可以移动弧形或弧线。按【～】键可以创建多条弧线和多个弧形。使用弧形工具在绘制图形时按【C】键可以在开启和封闭弧形间切换，按【F】键可以翻转弧形，使原点维持不动，按【↑】键或【↓】键，可以增加或减少弧形角度。

3　在画面中单击，弹出【弧线段工具选项】对话框，在其中设置【X 轴长度】为 30mm，【Y 轴长度】为 25mm，在【类型】下拉列表中选择【闭合】，其他不变，如图 4-48 所示，单击【确定】按钮，即可得到如图 4-49 所示的封闭弧形。

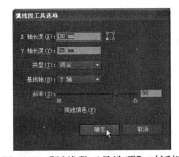
　　图 4-48　【弧线段工具选项】对话框

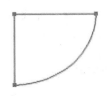
　　图 4-49　绘制好的弧线段

【弧线段工具选项】对话框中各选项说明如下：

● 【X 轴长度】：用来指定弧形的 x 坐标轴的长度。

- 【Y 轴长度】：用来指定弧形的 y 坐标轴的长度。
- 【类型】：用来指定对象拥有开放路径或封闭路径。
- 【基线轴】：用来指定弧形的方向。选择"X 坐标轴"或"Y 坐标轴"，取决于要沿水平（x）坐标轴或垂直（y）坐标轴绘制弧形的基线而定。
- 【斜率】：用来指定弧形斜度的方向。如果为凹入斜面，输入负值。如果为凸出斜面，输入正值。斜面为 0 时会建立一条直线。
- 【弧线填色】：使用目前的填色颜色给弧形填色。

4.4.3　绘制螺旋线

使用螺旋线工具可以用所给的半径和圈数（开始到完成螺旋形状所需转动的数目）绘制螺旋形对象。

上机实战　使用螺旋线工具绘制螺旋形对象

1　从工具箱中选择 ◎ 螺旋线工具，在画面中确定某一点为螺旋线的中心点，并在其上按下左键向外拖移，达到所需的形状与大小后松开左键，即可得到一条螺旋线，如图 4-50 所示。

2　在画面中单击一点作为螺旋线的中心点，弹出如图 4-51 所示的对话框，在其中设置【半径】为 20mm，【衰减】为 50%，【段数】为 10，【样式】为 ◎ 顺时针，单击【确定】按钮，即可得到如图 4-52 所示的螺旋线。

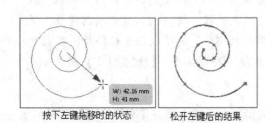

按下左键拖移时的状态　　松开左键后的结果

图 4-50　绘制螺旋线

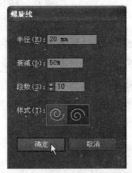

图 4-51　【螺旋线】对话框

图 4-52　绘制好的螺旋线

【螺旋线】对话框中各选项说明如下：
- 【半径】：用来指定螺旋线中心点至最外侧点的距离。
- 【衰减】：用来指定螺旋线的每一圈与前一圈相比之下，必须减少的数量。
- 【段数】：用来指定螺旋线拥有的区段数。螺旋形状的每一整圈包含四个区段。
- 【样式】：用来指定螺旋线的方向。

4.4.4　绘制网格

使用网格工具可以快速绘制矩形或极坐标网格。

1. 矩形网格工具

矩形网格工具可以建立尺寸和分隔线数量都已指定的矩形网格。在矩形网格工具中，指定网格尺寸和分隔线数目，然后在画板上任意拖动（即按下左键移动指针）可以建立网格。

上机实战 使用矩形网格工具绘制网格

1 从工具箱中双击▦矩形网格工具，弹出【矩形网格工具选项】对话框，在其中设定水平分隔线的【数量】为 8，垂直分隔的【数量】为 3，其他不变，如图 4-53 所示，单击【确定】按钮，然后在画面中拖动，即可绘制出所需大小的矩形网格，如图 4-54 所示。

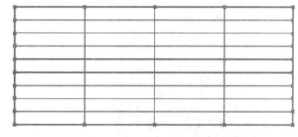

图 4-53 【矩形网格工具选项】对话框　　　　图 4-54 绘制好的矩形网格

【矩形网格工具选项】对话框中各选项说明如下：

● 【宽度】/【高度】：【宽度】用来指定整个网格的宽度。【高度】用来指定整个网格的高度。

● 【水平分隔线】：在【数量】文本框中可以输入网格上下之间出现的水平分隔线数目。然后输入【偏离量】数值，以决定水平分隔线偏向上侧或下侧的方式。

● 【垂直分隔线】：在【数量】文本框中可以输入网格左右之间出现的垂直分隔线数目。然后输入【偏离量】数值，以决定垂直分隔线偏向左侧或右侧的方式。

● 【使用外部矩形作为框架】：可以决定是否用一个矩形对象取代上、下、左、右的线段。

● 【填色网格】：用目前的填色中的颜色填满网格（否则填充色就会被设定为无）。

(1) 按住【Shift】键后使用网格工具在画面中拖动，可以绘制出正方形或圆形极坐标网格。

(2) 按住【Alt】键后使用网格工具在画面中拖动，可以绘制出以参考点向两边延伸的网格。

(3) 按住【Shift + Alt】键后使用网格工具在画面中拖动，可以绘制出从参考点向两边延伸的网格，同时将网格限制为正方形或圆形极坐标。

(4) 使用网格工具绘制图形时按下空格键可以移动网格。

(5) 使用网格工具绘制图形时按【↑】键或【↓】键，可以用来增加或删除水平线段。

(6) 使用网格工具绘制图形时按【→】键及【←】键，可以用来增加或移除垂直线段。

(7) 使用网格工具绘制图形时按下【F】键，可以使水平分隔线的对数偏斜值减少 10%。按下【V】键可以使水平分隔线的对数偏斜值增加 10%。按下【X】键可以使垂直分隔线的对数偏斜值减少 10%。按下【C】键可以使垂直分隔线的对数偏斜值增加 10%。

2 如果想要得到一个固定大小的矩形网格，可以在画面中单击，弹出【矩形网格工具选项】对话框，在其中设定【宽度】为 50mm，【高度】为 40mm，水平分隔线的【数量】为 5，垂直分隔的【数量】为 3，其他不变，如图 4-55 所示，单击【确定】按钮，即可得到大小为 50mm×40mm 的矩形网格，如图 4-56 所示。

3. 在画面中单击，弹出【矩形网格工具选项】对话框，在其中设定【宽度】为 150mm，【高度】为 50mm，垂直分割线【倾斜】为 20%，其他不变，单击【确定】按钮，即可得到大小为 150mm×50mm 的矩形网格，如图 4-57 所示。在【颜色】面板中设定填色为黄色，如图 4-58 所示，便可得到如图 4-59 所示的效果。

图 4-55 【矩形网格工具选项】对话框

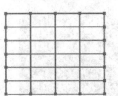

图 4-56 绘制好的矩形网格

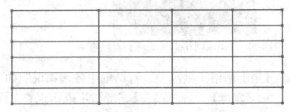

图 4-57 绘制好的矩形网格

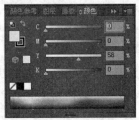

图 4-58 【颜色】面板

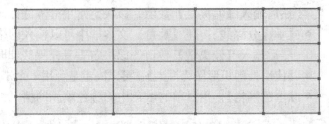

图 4-59 填充颜色后的网格

可以先设置所需的颜色，再在【矩形网格工具选项】对话框中勾选【填色网格】
选项，就可以在画面中绘制出所需颜色的矩形网格了。

2. 极坐标网格工具

极坐标网格工具可以建立尺寸和分隔线数量都已指定的同心圆。在极坐标网格工具中指定网格尺寸和分隔线数目，然后在画板上任意拖动可以建立网格。

上机实战 **使用极坐标网格工具绘制网格**

1 在工具箱中双击◉极坐标网格工具，弹出【极坐标网格工具选项】对话框，在其中设置同心分隔线的【数量】为 7，径向分隔线的【数量】为 3，其他不变，如图 4-60 所示，单击【确定】按钮。

【极坐标网格工具选项】对话框中各选项说明如下：

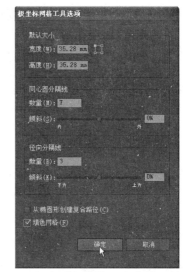

- 【宽度】/【高度】：【宽度】用来指定极坐标网格的宽度。【高度】用来指定极坐标网格的高度。
- 【同心圆分隔线】：在【数量】文本框中输入网格中出现的同心圆分隔线数目。然后输入向内或向外偏离的数值，可以决定同心圆分隔线偏向网格内侧或外侧的方式。
- 【径向分隔线】：在【数量】文本框中输入网格圆心和圆周之间出现的放射状分隔线数目。然后输入向下或向上偏离的数值，可以决定放射状分隔线偏向网格的顺时针或逆时针方向的方式。
- 【从椭圆形创建复合路径】：可以将同心圆转换为单独的复合路径，而且每隔一个圆就填色。

图 4-60 【极坐标网格工具选项】对话框

- 【填充网格】：用目前的填色颜色填满网格（否则填充色就会被设定为无）。

2 取消画面中所有对象的选择，在【颜色】面板中设置填充为 "C：61、M：0、Y：58、K：0"，如图 4-61 所示，然后在画面中拖动，绘制出一个极坐标网格，如图 4-62 所示。

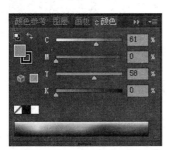

图 4-61 【颜色】面板

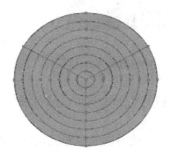

图 4-62 绘制好的极坐标网格

4.4.5 绘制矩形和椭圆形

使用 Illustrator 中的矩形工具、圆角矩形工具和椭圆工具，可以快速建立矩形（包括正方形）和椭圆形（包括圆形）。

在使用这些工具创建对象时，一个中心点会出现在对象中。可以使用此点拖动对象，或将该对象与图稿中的其他组件对齐。中心点可以显示或隐藏，但无法将其删除。

1. 矩形工具

下面介绍使用【矩形】对话框绘制固定大小的正方形（或矩形）和按组合键绘制一个正方形。

上机实战　绘制矩形

1 从工具箱中选择■矩形工具，在画面中单击，弹出如图 4-63 所示的对话框，在其中设置【宽度】为 50mm，【高度】为 50mm，单击【确定】按钮，即可得到一个正方形，如图 4-64 所示。

【矩形】对话框中各选项说明如下：
● 【宽度】：用来指定形状的宽度。
● 【高度】：用来指定形状的高度。

（1）如果要限制工具往45°角的倍数移动，并用矩形工具产生正方形和用椭圆工具产生圆形，可以按住【Shift】键时拖动鼠标。

（2）如果要在绘制时移动一个矩形或椭圆形，可以按住空格键。

（3）在绘制图形时按住【Alt】键和拖动鼠标可以从中心向外绘制图形。

（4）如果要绘制没有填色的对象，需要在画面中先取消所有对象的选择，再在【颜色】面板中设置填色为无。

2 按【Alt + Shift】键从正方形的中心点上移动指针，当指针呈状时按下左键向外拖动，到达适当大小后，即可得到一个同心正方形，如图 4-65 所示。

图 4-63 【矩形】对话框

图 4-64 绘制好的矩形

图 4-65 绘制矩形

2. 圆角矩形工具
使用圆角矩形工具可以绘制圆角矩形。

上机实战 使用圆角矩形工具绘制圆角矩形

1 在画面中先取消所有对象的选择，在【颜色】面板中设置填色为无。从工具箱中选择圆角矩形工具，在画面中按下左键拖动，到达一定大小后松开左键，即可得到一个圆角矩形，如图 4-66 所示。

2 在画面中单击，弹出如图 4-67 所示的【圆角矩形】对话框，在其中设置【宽度】为60mm，【高度】为60mm，【圆角半径】为5mm，单击【确定】按钮，即可得到如图 4-68 所示的圆角正方形。

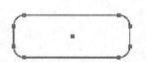

图 4-66 绘制圆角矩形

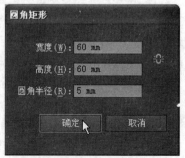

图 4-67 【圆角矩形】对话框

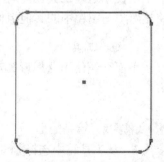

图 4-68 绘制好的圆角矩形

【圆角矩形】对话框中各选项说明：

● 【宽度】/【高度】：分别制定形状的宽度与高度。

● 【圆角半径】：用来指定矩形所拥有的圆角半径数值。该圆角半径数值代表在矩形或正方形的转角上所绘制的假想圆形半径。设定为 0mm 的圆角半径会建立直角。

3. 椭圆工具

使用椭圆工具可以绘制椭圆或圆。

上机实战　使用椭圆工具绘制圆

1　从工具箱中选择 椭圆工具，按 【Alt + Shift】键在圆角正方形的中心点上移动，当指针呈 状时按下左键向外拖动，到达适当大小后松开左键，即可得到与圆角矩形同心的圆形，如图 4-69 所示。

2　在圆角正方形的右下角按下左键拖出一个椭圆，如图 4-70 所示。

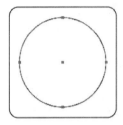

图 4-69　绘制椭圆

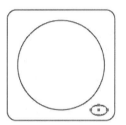

图 4-70　绘制椭圆

如果要绘制一个固定大小的圆形，可以在画面中单击，并在弹出的【椭圆】对话框中设置所需的大小，设置好后单击【确定】按钮，即可得到所需大小的圆形了。

4.4.6　绘制多边形

使用多边形工具可以绘制多边形。多边形工具所绘制的对象，有指定数目的等长边，且每边与对象中心的距离都相等。

上机实战　使用多边形工具绘制多边形

1　从工具箱中选择 多边形工具，在画面中按下左键向另一个地方拖移，到达一定大小后松开左键，即可得到一个六边形，如图 4-71 所示。

2　如果要绘制固定边数的多边形，可以在画面中单击，弹出如图 4-72 所示的对话框，在其中设置所需的半径和边数，设置好后单击【确定】按钮，即可得到所需的多边形，如图 4-73 所示。

图 4-71　绘制多边形

图 4-72　【多边形】对话框

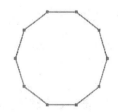

图 4-73　绘制好的多边形

【多边形】对话框中选项说明如下：

- 【半径】：用来指定中心点与每条线条结束点之间的距离。
- 【边数】：用来指定多边形的边数量。

4.4.7 绘制星形

使用星形工具可以绘制给定的点数和大小的星形对象。

上机实战 使用星形工具绘制星形

1 从工具箱中选择☆星形工具，在画面中适当位置按下左键进行拖移，到达一定大小后松开左键，得到如图 4-74 所示的图形，接着按 【Shift】键在绘制的星形上方顶点上按下左键进行拖移，达到一定大小后松开左键，即可绘制出一个正星形，如图 4-75 所示。

图 4-74 绘制星形

图 4-75 绘制星形

2 在画面中星形的中心位置处单击，如图 4-76 所示，弹出如图 4-77 所示的对话框，在其中设置【半径 1】为 5mm，【半径 2】为 3mm，【角点数】为 6，单击【确定】按钮，即可得到如图 4-78 所示的图形。

图 4-76 指向中心时的状态

图 4-77 【星形】对话框

图 4-78 绘制好的星形

【星形】对话框中选项说明如下：

- 【半径 1】：用来指定中心点至最内侧控制点的距离。
- 【半径 2】：用来指定中心点至最外侧控制点的距离。
- 【角点数】：用来指定星形拥有的点数。

4.4.8 斑点画笔工具

使用斑点画笔工具可以绘制已经填充颜色的形状，以便与具有相同颜色的其他形状进行交叉和合并，使几次绘制的形状合并成一个图形。

上机实战 使用斑点画笔工具绘制形状

1 从工具箱中双击✐斑点画笔工具，弹出【斑点画笔工具选项】对话框，在其中设置

所需的选项, 如图 4-79 所示。

【斑点画笔工具选项】对话框中选项说明
如下:

- 【保持选定】: 如果选择该选项, 在绘
制路径时, 路径总是保持选中状态。
- 【仅与选区合并】: 如果选择该选项,
绘制的路径只与画面中选中的路径
进行合并, 也就是说它不会与未选中
的路径进行合并。
- 【保真度】: 该选项控制鼠标或光笔必
须移动多大距离, Illustrator 才会向路
径添加新锚点。如保真度值为 2.5,
则表示小于 2.5 像素的工具移动将不
生成锚点。保真度的范围可介于 0.5～
20 像素之间。值越大, 路径越平滑, 复杂程度越小。

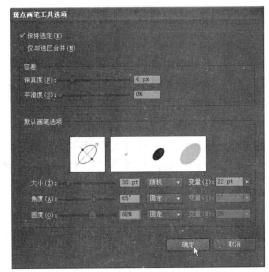

图 4-79 【斑点画笔工具选项】对话框

- 【平滑度】: 该选项控制斑点画笔工具在 Illustrator 中绘制路径的平滑量。平滑度的范
围为 0%～100%, 百分比越高, 路径越平滑。
- 【大小】: 可以设置画笔的大小, 在其后的列表中可以选择所需的选项, 如随机、固定
等。
- 【角度】: 在角度后的文本框中可以设置画笔旋转的角度。也可以拖动预览区中的箭头
来设置角度。
- 【圆度】: 它决定画笔的圆度。可以在文本框中直接输入所需的百分比来设置圆度, 该
值越大, 圆度就越大。也可以直接在预览中拖动黑点朝向或背离中心方向来设置圆度。

2 在【颜色】面板中设置所需的描边颜色, 如图 4-80 所示, 在画面中绘制一条开放式
路径, 如图 4-81 所示。

3 在绘制的对象上再绘制一条开放式路径, 可以发现它与前面绘制的对象合并为一个
对象了, 画面效果如图 4-82 所示。

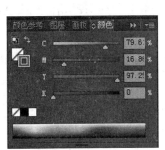

图 4-80 【颜色】面板

图 4-81 绘制图形

图 4-82 绘制图形

4.5 调整路径

一般情况下, 在调整路径时, 首先要选取一个或多个路径线段或锚点, 然后对其进行调

整。可以使用下列任何方法来更改路径的形状：

(1) 增加和删除锚点。

(2) 用平滑工具平滑路径中的线段。

(3) 用擦除工具擦除路径中的线段。

(4) 使用转换锚点工具，在平滑锚点和转角锚点之间转换。

(5) 移动曲线段所连接的方向控制点。

(6) 用整形工具整体调整选取的控制点和路径。

(7) 使用【简化】命令移除路径上多余的锚点，而不改变该路径的形状。

(8) 用剪刀工具分割路径。

(9) 用【平均】命令将锚点移到一个位置，该位置是锚点的目前位置的平均值。

(10) 连接一个开放路径的结束点以建立一个封闭路径，或合并两个开放路径的结束点。

(11) 使用铅笔工具调整路径。

4.5.1 调整路径工具

使用调整路径工具可以对绘制的路径进行调整，既可以把直线路径调为曲线路径，也可以在路径上添加锚点或减去锚点，或者把尖角曲线调整为平滑曲线。调整路径工具包括 添加锚点工具， 删除锚点工具和 转换锚点工具。

1. 添加锚点工具

添加锚点工具用于在线段上添加锚点，在工具箱中选择 添加锚点工具或 钢笔工具时，只要将指针移到线段上的非锚点处，指针都会变成 状，然后单击就可添加一个新的锚点，从而把一条线段一分为二。

2. 删除锚点工具

删除锚点工具用于删除一个不需要的锚点，在工具箱中选择 删除锚点工具或 钢笔工具时，只要将指针移到线段上的锚点处，当指针成 状时，单击就可将该锚点删除，如果该锚点为中间锚点，则原来与它相邻的两个锚点将连成一条新的线段。

3. 转换锚点工具

转换锚点工具用于平滑点与角点之间的转换，从而实现平滑曲线与锐角曲线或直线段之间的转换。

> 在使用钢笔工具时按下【Alt】键可以切换至转换锚点工具。也就是说，使用钢笔工具并结合【Alt】键就可以对路径进行调整。如果要对路径进行精确调整则需要使用直接选择工具。

 上机实战　使用钢笔工具与调整路径工具绘制一个小精灵

1 使用钢笔工具在画面中绘制几个图形，组成精灵的基本结构图，如图 4-83 所示，再在工具箱中选择 添加锚点工具，按【Ctrl】键移动指针到表示耳朵内轮廓线上单击，以选择它，再指向要添加描点的地方，当指针呈 状时单击，即可添加一个锚点，如图 4-84 所示。

2 在工具箱中选择 转换锚点工具，再移动指针到刚添加的锚点上按下左键进行拖移，如图 4-85 左所示，松开左键即可将直线段改变为曲线段，如图 4-85 右所示。

图 4-83　绘制小精灵

图 4-84　调整路径

3　按【Ctrl】键单击另一个要调整的对象，然后在一个要调整的锚点上按下左键进行拖动，将直线段调整为曲线段，调整好后的结果如图 4-86 所示。

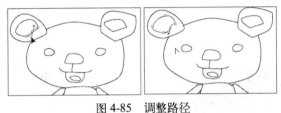

图 4-85　调整路径

图 4-86　调整路径

4　在工具箱中选择 删除锚点工具，再移动指针到要删除的锚点上，当指针呈 状时单击，如图 4-87 所示，即可将该锚点删除，结果如图 4-88 所示。

图 4-87　调整路径

图 4-88　调整路径

5　按【A】键选择直接选择工具，对精灵进行整体精细调整，调整后的结果如图 4-89 所示。

6　在画面的空白处单击取消选择，再按【Shift】键单击表示耳朵的 4 个对象，如图 4-90 所示，同时选择它们，然后在【对象】菜单中执行【排列】→【置于底层】命令，用同样的方法选择表示眼睛的对象，并将其填充为黑色，再取消选择。小精灵就绘制好了，画面效果如图 4-91 所示。

图 4-89　调整路径

图 4-90　调整路径

图 4-91　调整好的最终效果图

4.5.2 平滑工具

平滑工具其实是一种修饰工具，使用平滑工具可以将直线或曲线变得更平滑。

使用平滑工具还可以平滑路径的线段，同时保留路径的原始形状。它的原理是让原始路径更接近使用工具所拖动的新路径，并且根据需要删除或增加原始路径中的锚点。

可以多次应用平滑工具，使路径慢慢变得平滑。平滑量是由【平滑工具选项】对话框中的平滑度设定所决定的。

上机实战　使用平滑工具平滑线段

1　从工具箱中选择 ✎ 钢笔工具，在画面中绘制一个图形，如图 4-92 所示。

2　在工具箱中双击 ✎ 平滑工具，弹出【平滑工具选项】对话框，在其中根据需要设定参数，如图 4-93 所示，设置好后单击【确定】按钮，然后将指针移到图形需要平滑的尖角上按下左键拖动，如图 4-94 左所示，松开左键后即可将尖角直线段进行平滑，如图 4-94 右所示。

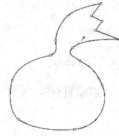
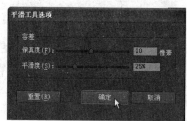
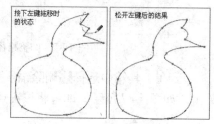

图 4-92　用钢笔工具　　　图 4-93　【平滑工具选项】对话框　　　图 4-94　平滑直线段
　　　　绘制图形

【平滑工具选项】对话框中各选项说明如下：

- 【保真度】：用来控制鼠标或数字笔必须移动的距离，使 Illustrator 将新的锚点加入路径中。【保真度】的范围为 0.5～20 像素。数值越高，路径越平滑且越简单。
- 【平滑度】：可以控制所套用的平滑量。【平滑度】的范围为 0%～100%，数值越高，路径越平滑。

4.5.3 路径橡皮擦工具

使用路径橡皮擦工具能够擦除现有路径的全部或者其中的一部分，也可以将一条线段分为多条线段。可以在绝大多数路径上使用路径橡皮擦工具（包括笔刷路径），但是在文字或网格上无法使用。

上机实战　使用路径橡皮擦工具擦除线段

1　在工具箱中选择 ✎ 路径橡皮擦工具，将指针移到需要擦除的线段上。

2　按下左键向需要擦除的地方拖动，到达所需的位置时松开左键，即可将拖动时路径起点与终点之间的线段擦除，如图 4-95 所示。

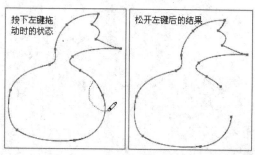

图 4-95　擦除线段

可以在开放式路径的中间单击，将路径分为两条开放式的路径。如果在封闭的路径上单击，即可将整条路径清除。

4.5.4　橡皮擦工具

使用橡皮擦工具能够擦除选择图形的一部分或全部，与路径橡皮擦工具不同的是，橡皮擦工具即可以擦除路径也可以擦除填充颜色、图形样式等。

上机实战　使用橡皮擦工具擦除图形

1　在工具箱中选择█矩形工具，在画面中绘制一个矩形，如图 4-96 所示。

2　显示【图形样式】面板，在其中单击所需的样式，如图 4-97 所示，为矩形添加图层样式后的效果如图 4-98 所示。

　　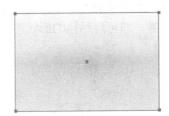

图 4-96　绘制矩形　　　图 4-97　【图形样式】面板　　　图 4-98　应用图形样式后的效果

3. 在工具箱中双击 ▰ 橡皮擦工具，弹出【橡皮擦工具选项】对话框，在其中设置【大小】为 15pt，如图 4-99 所示，设置好后单击【确定】按钮，再在矩形上进行拖动，擦出一条路，擦除后的结果如图 4-100 所示。

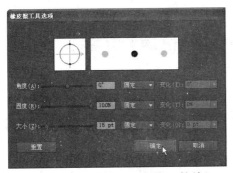　　　　　　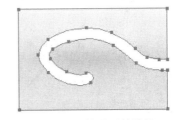

图 4-99　【橡皮擦工具选项】对话框　　　　　图 4-100　擦除后的效果

4.5.5　整形工具

整形工具可以更改选择路径的形状。如果一个路径已经被选择，可以使用整形工具选择一个或数个锚点以及部分路径，然后调整选取的控制点和路径。如果是封闭的路径，则需要使用直接选择工具选择路径，并且路径上所有的或绝大多数锚点成未被选择状态（即锚点成空白方框）。

上机实战　使用整形工具调整路径

1　按【Ctrl】键在画面的空白处单击，取消图形对象的选择，再在控制栏中设置【描边

粗细】为 1pt，在【颜色】面板中设置描边颜色为黑色，如图 4-101 所示，接着从工具箱中选择 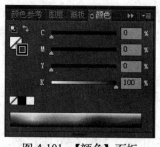 铅笔工具，在画面中绘制一条开放式路径，如图 4-102 所示。

图 4-101　【颜色】面板　　　　　　　图 4-102　绘制曲线

2　从工具箱中选择  整形工具，将指针移到路径上要移动的锚点上单击，以选择该锚点，如图 4-103 所示，接着按下左键向右上方拖移，如图 4-104 所示。得到所需形状后松开左键，即可将路径的形状进行更改，如图 4-105 所示。

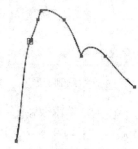

图 4-103　用整形工具指向锚点　　图 4-104　拖动锚点时的状态　　图 4-105　调整形状后的结果

3　将指针移到路径线段上单击可以添加一个锚点，如图 4-106 所示，同样可以移动该锚点到所需的地方达到改变形状的目的，改变形状后的结果如图 4-107 所示。

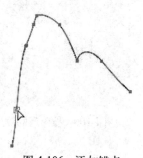

图 4-106　添加锚点　　　　　　　　图 4-107　拖动锚点

整形工具的用法与直接选择工具相似，不同的是它可以添加锚点。

4.5.6　分割路径

使用剪刀工具可以从一个路径中选定点的位置将一条路径分割为两条或多条路径，也可以将封闭的路径剪成开放的路径。通过在路径线段上或锚点上单击，可以将路径剪成两条或多条路径。

使用美工刀工具可以将一个封闭的路径（区域）裁开为两个独立的封闭路径；也可以将一个封闭的路径部分裁开，但它还是一个封闭的路径，然后可以使用直接选择工具调整这个路径的形状。

 使用美工刀工具和剪刀工具无法分割一个文字路径。

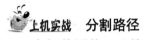 **分割路径**

（1）使用剪刀工具分割路径

1 从工具箱中选择剪刀工具，移动指针到路径上需要剪开的地方单击，即可将一端剪掉，但是它还存在，只是被取消了选择，如图 4-108 所示。

可以对没有选择的路径进行裁剪，只需移动指针到要裁剪的地方单击就可以了。

（2）使用美工刀工具分割路径

2 在工具箱中选择椭圆工具，在绘图区绘制一个椭圆，如图 4-109 所示；接着在工具箱中选择美工刀工具，在画面中按下左键进行拖移，以绘制出一条曲线，如图 4-110 所示，松开左键后即可将椭圆修剪开，如图 4-111 所示。

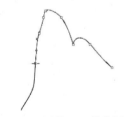

图 4-108　用剪刀工具剪断路径

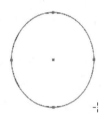

图 4-109　绘制椭圆

3 在工具箱中选择选择工具，接着在画面的空白处单击取消选择，再在剪开的一个图形上单击，以选择它，可以发现已经将一个对象剪成两个对象了，再按【Shift+↓】键和【Shift+←】键各一次，可以将选择的对象向左下方移动一定的距离，如图 4-112 所示。

图 4-110　用美工刀工具拖动时的状态

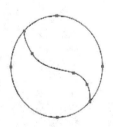

图 4-111　剪开后的结果

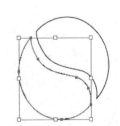

图 4-112　移动后的结果

4.5.7　合并结束点

使用【合并】命令会连接一条开放路径的结束点（开放路径的两个端点），以建立一个封闭路径，或合并两个开放路径的结束点。

如果连接两个重叠（一个在另一个上方）的结束点，它们会被取代为一个单一的锚点。如果连接两个非重叠的结束点，则会在两个控制点之间绘制一条路径。

上机实战　使用合并命令合并结束点

1　在工具箱中选择██铅笔工具，在画面中绘制一条路径，如图 4-113 所示。

2　如果要将开放路径的两个端点连接起来，可以使用直接选择工具框选这两个锚点，如图 4-114 所示。

3　在菜单中执行【对象】→【路径】→【连接】命令或按 【Ctrl + J】 键，即可将两个结束点连接起来了，如图 4-115 所示。

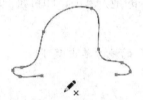
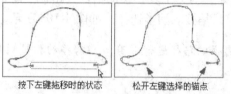
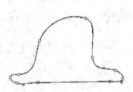

图 4-113　用铅笔工具绘制图形　　　　图 4-114　选择锚点　　　　图 4-115　连接锚点

4.5.8　简化路径

使用【简化】命令可以将路径上多余的锚点移除，而不会改变该路径的形状。移除不必要的锚点可以简化图稿，减少档案大小，方便显示和打印。

上机实战　使用简化命令移除路径上的锚点

1　使用铅笔工具在画面中绘制一个封闭的图形，如图 4-116 所示。

图 4-116　用铅笔工具绘制图形

2　在菜单中执行【对象】→【路径】→【简化】命令，弹出【简化】对话框，在其中设定【曲线精度】为 50%，其他不变，勾选【预览】选项，可以看到画面中的图形已经简化了，如图 4-117 所示。如果勾选【显示原路径】选项，则会在画面中显示原路径，如图 4-118 所示，取消【显示原路径选项】的勾选，单击【确定】按钮，得到如图 4-119 所示的结果，可以看到已经移除了许多锚点。

　图 4-117　【简化】对话框　　　　图 4-118　简化路径　　　　图 4-119　简化后的图形

【简化】对话框中各选项说明如下：

- 【曲线精度】：在该文本框中可以输入一个介于 0% ～100% 之间的数值，可以设定简化后的路径与原始路径的相近程度。较高的百分比会建立较多的控制点，外观更相近。除了曲线的结束点和转角控制点之外（除非在角度临界值中输入数值），任何既有的锚点都会被忽略。
- 【角度阈值】：在该文本框中可以输入一个介于 0°～180°之间的数值，可以控制转角的平滑度。如果一个转角控制点的角度小于角度临界值，则该转角控制点不会改变。此选项有助于保持角度鲜明的转角，即使曲线精度的数值较低。
- 【直线】：如果选择该选项，将在对象的原始锚点之间建立直线。
- 【显示原路径】：如果选择该选项，将在简化的路径后显示原始路径。
- 【预览】：如果勾选该选项，将在画面中显示简化路径的效果。

4.5.9　平均锚点

使用【平均】命令可以将两个或更多锚点（在同一路径或不同路径上）移至某位置，该位置是由其目前位置平均后所得的。

上机实战　使用平均命令移动锚点

1　使用 钢笔工具在画面中绘制一个锯齿状封闭的图形，如图 4-120 所示。

2　使用直接选择工具在画面中框选绘制图形中上排的锚点，如图 4-121 所示。

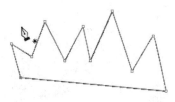
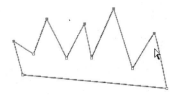

图 4-120　绘制图形　　　　　　　　　　　图 4-121　选择锚点

3　在菜单中执行【对象】→【路径】→【平均】命令，弹出【平均】对话框，在其中选择【水平】选项，如图 4-122 所示，单击【确定】按钮，即可得到如图 4-123 所示的结果。

4　使用直接选择工具在画面中框选图形最下排的两个锚点，在菜单中执行【对象】→【路径】→【平均】命令，弹出【平均】对话框，在其中选择【两者兼有】选项，单击【确定】按钮，即可得到如图 4-124 所示的结果。

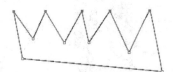
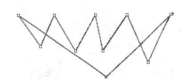

图 4-122　【平均】对话框　　图 4-123　水平平均后的结果　　图 4-124　水平与垂直两者兼有后的结果

4.6 描图

在绘制图形时，有时候会需要将图稿中已有的部分作为新绘图的基础。此时需要将该图形导入 Illustrator 中，再使用图像描摹、钢笔工具或铅笔工具对其描图。

 可以先建立一个图层，将其作为一个模板使用。

4.6.1 图像描摹

使用图像描摹可以自动描绘输入到 Illustrator 中的任何位图图像。

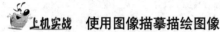 **上机实战　使用图像描摹描绘图像**

1　按【Ctrl + O】键，弹出如图 4-125 所示的对话框，在其中双击所需的文件，打开一张如图 4-126 所示的图片。

图 4-125 【打开】对话框

图 4-126 打开的图形

2　使用选择工具选择打开的图片，在控制栏中单击【图像描摹】按钮，即可将刚打开的图片进行黑白描摹，结果如图 4-127 所示。

3　按【Ctrl + Z】键撤销步骤 2 的操作，在控制栏中单击【图像描摹】按钮后的■按钮，弹出下拉菜单，如图 4-128 所示，在其中选择【素描图稿】命令，可以将原图处理为素描效果，如图 4-129 所示。

图 4-127 黑白描摹效果

图 4-128 描摹菜单

图 4-129 素描图稿效果

4 在控制栏中单击▦（图像描摹面板）按钮，显示【图像描摹】面板，如图 4-130 所示，在其中单击▩（自动着色）按钮，可以为选择的对象进行颜色填充，画面效果如图 4-131 所示，在【图像描摹】面板中单击▦（灰度）按钮，可以将图像转成灰度图像，如图 4-132 所示。

图 4-130 【图像描摹】面板

图 4-131 自动着色后的效果

图 4-132 灰度效果

4.6.2 创建模板图层

如果要以现成图稿为基础制作新图稿，例如对其描图或由其建立插图，可以先创建一个模板图层。在制作好模板图层后，可以使用"显示模板"或"隐藏模板"命令来显示或隐藏它。

创建模板图层的方法有如下 3 种：

方法 1 打开所需的文档，如图 4-133 所示，显示【图层】面板，从【图层】面板双击现成图稿所在的图层，弹出【图层选项】对话框，在其中勾选【模板】选项，如图 4-134 所示，单击【确定】按钮，即可将该图层改为模板图层，如图 4-135 所示。

图 4-133 打开的文档

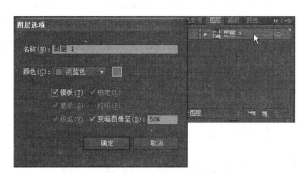

图 4-134 设置图层选项

方法 2 在【图层】面板中选择要作为模板的图层，然后在【图层】面板的右上角单击小三角形按钮，弹出式下拉菜单，在其中选择【模板】命令即可，如图 4-136 所示。

方法 3 新建一个文档，在菜单中执行【文件】→【置入】命令，弹出【置入】对话框，在其中选择要作为模板的文件，选择好后在对话框的下方勾选【模板】选项，如图 4-137 所示，再单击【置入】按钮，即可在【图层】面板中创建一个新模板图层，同时所置入的文件将作为模板使用，如图 4-138 所示。

图 4-135　模板图层

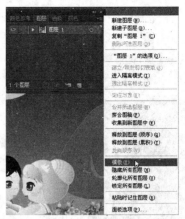

图 4-136　使用弹出式菜单设置模板图层

图 4-137　【置入】对话框

图 4-138　创建模板图层

如果要将模板图层转为一般图层，可以在【图层】面板双击模板图层，在弹出的【图层选项】对话框中取消【模板】的选择，再单击【确定】按钮。

如果要显示或隐藏模板，可以在【图层】面板中单击■图标。

4.7　实时上色工具

使用实时上色工具可以对图形进行填色。

上机实战　使用实时上色工具对图形填色

　1　按【Ctrl + O】键从配套光盘的素材库中打开一个要描摹的图片，如图 4-139 所示，使用选择工具在画面中选择图片，再在控制栏中单击 图像描摹 按钮，对图片中的图案进行描摹，描摹后的效果如图 4-140 所示。

　2　在控制栏中单击 扩展 按钮，将描摹的对象进行扩展，得到如图 4-141 所示的效果，再在菜单中执行【对象】→【取消编组】命令，将描摹的对象取消编组，然后选择选择工具，在空白处单击取消选择，再在中间部分的图案上单击，以选择它，如图 4-142 所示，然后将其拖向灰色的草稿区，如图 4-143 所示，可以看到已经将打开图片中的图案描摹出来了。

图 4-139　打开的文档

图 4-140　描摹后的效果

图 4-141　扩展后的效果

图 4-142　取消选择后再次选择

图 4-143　将选择的对象移向草稿区

3　显示【颜色】面板，在其中使描边为当前颜色设置，设置 K 为 28%，如图 4-144 所示，取消选择后的效果如图 4-145 所示。

4　在绘图窗口中单击描边的图案以选择它，如图 4-146 所示，在【颜色】面板中单击填色图标，使它为当前颜色设置，在面板菜单中选择【CMYK】命令，将色谱改为 CMYK 色谱，如图 4-147、图 4-148 所示，然后设置"C：0、M：100、Y：0、K：0"，如图 4-149 所示；得到如图 4-150 所示的结果。

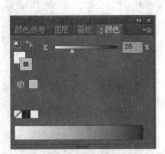

图 4-144 【颜色】面板

图 4-145 设置描边后取消选择的效果

图 4-146 选择对象

图 4-147 改变颜色模式

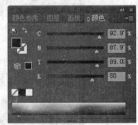

图 4-148 【颜色】面板

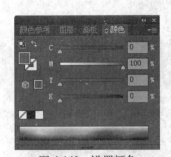

图 4-149 设置颜色

图 4-150 填充颜色后的效果

5 使用选择工具在画面中单击要填色的对象，再按【Shift】键单击要填充为相同颜色的对象，以同时选择它们，如图 4-151 所示。在工具箱中选择实时上色工具，并在控制栏中设置所需的颜色，如图 4-152 所示，然后移动指针到画面中需要填色的对象上单击，为它们进行相同的颜色填充，结果如图 4-153 所示。

6 使用选择工具在画面中单击要填色的对象，再按【Shift】键单击要填充为相同颜色的对象，以同时选择它们，如图 4-154 所示。在【颜色】面板中设置【填色】为"绿色"，得到如图 4-155 所示的效果，在空白处单击取消选择，得到如图 4-156 所示的效果。

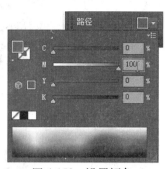

图 4-151　选择对象　　　　　　　图 4-152　设置颜色　　　　　图 4-153　用实时上色工具给对象上色

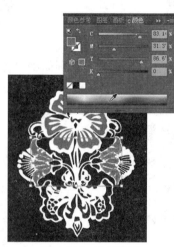

图 4-154　选择对象　　　　　　　图 4-155　设置颜色　　　　　图 4-156　取消选择后的效果

4.8　实时上色选择工具

使用实时上色选择工具可以选择对象并填充颜色。

上机实战　使用实时上色选择工具选择对象并填充颜色

1　从工具箱中选择 实时上色选择工具，移动指针到要改变颜色的对象上，当指针呈现如图 4-157 所示的状态时单击，以选择它，如图 4-158 所示。

图 4-157　用实时上色选择工具选择对象　　　　　图 4-158　用实时上色选择工具选择对象

2 显示【颜色】面板，在其中设置所需的颜色，如图 4-159 所示，将选择对象的颜色进行更改，再在空白处单击取消选择，画面效果如图 4-160 所示。

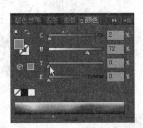

图 4-159　设置颜色

图 4-160　改变颜色后的效果

3 使用实时上色选择工具并按【Shift】键在画面中单击要选择的对象，接着在【颜色】面板中设置【填色】为"浅紫色"，如图 4-161 所示，然后在空白处单击取消选择，画面效果如图 4-162 所示。

图 4-161　选择并设置颜色

图 4-162　改变颜色后的效果

4.9　本章小结

本章首先介绍了路径的概念，接着介绍了使用钢笔工具或铅笔工具绘制路径以及使用调整路径工具调整路径的方法。然后介绍了如何使用直线段工具、弧形工具、螺旋线工具、矩形网格工具、极坐标网格工具、矩形工具、圆角矩形工具、多边形工具、椭圆工具、星形工具等基本绘图工具绘制基本图形。最后对描图与对描绘的图形进行上色进行了详细的讲解。

4.10　习题

一、填空题

1. 使用铅笔工具可以绘制_____和_____路径，就如同在纸上用铅笔绘图一样。

2. 可以使用＿＿＿＿＿＿＿＿＿和＿＿＿＿＿＿＿＿的任意组合，绘制一条路径。如果在绘制时绘制出错误的控制点，随时都可以更改。

3. Illustrator 提供了两组工具，可以用来建立简单的线条和几何形状。第一组工具包括直线段工具、＿＿＿＿＿＿、螺旋线工具、＿＿＿＿＿＿＿和＿＿＿＿＿＿＿。第二组工具包括矩形工具、＿＿＿＿＿＿、椭圆工具、＿＿＿＿＿＿＿和＿＿＿＿＿＿。这些工具都很容易使用，而且可帮助用户快速的绘制基本对象。

二、选择题

1. 使用以下哪个命令可以自动地描绘输入到 Illustrator 的任何位图图像？　　　　（　　）

    A.【实时描摹】命令　　　　　　　　B.【实时上色】命令

    C.【实时描写】命令　　　　　　　　D.【实时描绘】命令

2. 以下哪个工具可以建立直线和相当精确的平滑、流畅曲线？　　　　　　　　（　　）

    A. 笔刷工具　　　　B. 铅笔工具　　　　C. 直线段工具　　　　D. 钢笔工具

3. 调整路径工具包括以下哪几个工具？　　　　　　　　　　　　　　　　　　（　　）

    A. 添加锚点工具　　　　　　　　　　B. 删除锚点工具

    C. 转换锚点工具　　　　　　　　　　D. 钢笔工具

第 5 章　图形填色及艺术效果处理

教学提要

本章主要介绍使用渐变工具、网格工具、混合工具绘制各种特殊效果图形的方法以及使用画笔、符号、画笔库、符号库、画笔工具、符号工具快速绘制各种画笔和符号的技巧。最后介绍使用网格工具绘制逼真的三维图形。

教学重点

- ➢ 使用画笔与符号
- ➢ 创建与编辑画笔
- ➢ 创建与编辑符号
- ➢ 绘制闪耀对象
- ➢ 在图形对象上应用渐变色与渐变网格
- ➢ 混合对象

5.1　使用画笔

Illustrator 提供了多种不同的笔刷，可以建立各种风格的路径。可以将笔刷笔画应用到现有的路径，或使用画笔工具绘制路径，并同时应用笔刷笔画。

5.1.1　关于画笔类型

在 Illustrator 中包括书法、散点、毛刷、艺术和图案 5 种画笔类型。使用这些笔刷可以达成下列的效果：

- 书法：该画笔建立的笔画，类似于使用笔尖呈某个角度的蘸水笔，沿着路径的中心绘制出来，如图 5-1 所示。
- 散点：该画笔会将一个对象的拷贝沿着路径散布，如图 5-2 所示。

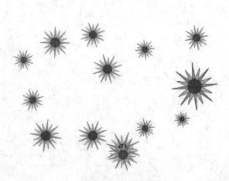

图 5-1　用书法画笔绘制的图形　　　　　　　　图 5-2　用散点画笔绘制的图形

- 毛刷：该画笔可以模拟真实画笔在纸张上绘画的效果（如水彩画），如图 5-3 所示。
- 艺术：该画笔会沿着路径的长度，平均地拉长画笔形状（如干墨笔）或对象形状，如图 5-4 所示。
- 图案：该画笔沿着路径重复绘制一个由个别的拼贴所组成的图案。图案画笔最多可以包含 5 种拼贴，即外缘、内部转角、外部转角、图案起点和终点拼贴，如图 5-5 所示。

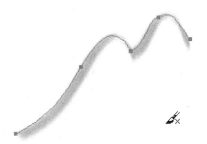

图 5-3　用毛刷画笔绘制的图形

图 5-4　用艺术画笔绘制的图形

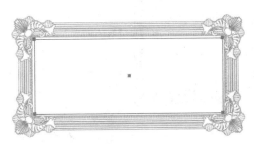

图 5-5　用图案画笔绘制的图形

散点画笔和图案画笔通常可以达到相同的效果。其不同之处在于，图案画笔会完全依循路径，而散点画笔则不会完全依循路径，如图 5-6 所示。

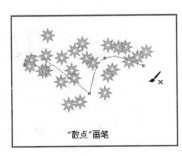
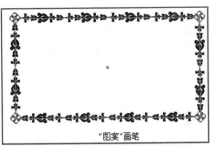

图 5-6　散点画笔和图案画笔对比效果图

5.1.2　使用画笔面板和画笔库

可以使用【画笔】面板管理文件的画笔。在预设情况下，【画笔】面板会包含每一种类型的数个画笔。在其中可以建立新画笔、修改现有的画笔，以及删除不再使用的画笔。

建立和储存在【画笔】面板中的画笔，只会与目前的档案相关联。每个 Illustrator 档案在其【画笔】面板中，可以有不同组的画笔。

在 Illustrator 中还附有各种多变化的预设笔刷。这些笔刷都整理在画笔库中。可以开启多个画笔库以便在其中进行浏览，并选取画笔，也可以建立新的画笔库。

在开启画笔库时，它会出现在新面板中。其用法与在【画笔】面板中一样，可以选取、排序、检视在画笔库中的画笔。

1. 打开画笔库

打开画笔库的方法有以下两种：

方法 1 在菜单中执行【窗口】→【画笔】命令，可以显示或隐藏【画笔】面板，在【画笔】面板中单击右上角的三角形弹出下拉菜单，接着移动指针到【打开画笔库】命令上，此时会弹出一个菜单，如图 5-7 所示，在这个菜单中选择【装饰】命令，可以看到其中预置了许多画笔库，单击所需打开的画笔库（如装饰_散布），如图 5-8 所示，即可打开所需的画笔库，如图 5-9 所示。

图 5-7 【画笔】面板

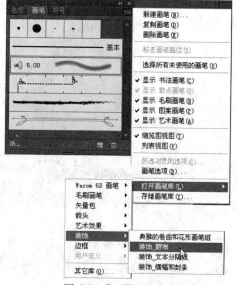

图 5-8 【画笔】面板

方法 2 在菜单中执行【窗口】→【画笔库】命令，然后在弹出的子菜单中选择所需的画笔库即可。

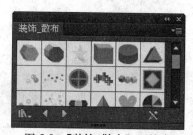

图 5-9 【装饰_散布】画笔库

2. 选择画笔

如果只需要选择一个画笔，在【画笔】面板或画笔库中单击所需的画笔即可。

如果要选择相邻的画笔，可以在【画笔】面板或画笔库中单击所在范围中的第一个画笔，然后按【Shift】键再单击最后一个画笔。如果要选择不相邻的数个画笔，可以按【Ctrl】键在每个要选择的画笔上单击。

如果要选择未在文件中使用的所有画笔，可以在【画笔】面板的弹出式菜单中选择【选择所有未使用的画笔】命令。

3. 显示或隐藏画笔

可以查看所有的画笔，或者只查看某几种类型的画笔。如果要显示或隐藏画笔类型，可以在面板的弹出式菜单中选择【显示 书法画笔】、【显示 散点画笔】、【显示 毛刷画笔】、【显示 图案画笔】、【显示 艺术画笔】中的任意一项。

4. 改变画笔顺序

在【画笔】面板中，将画笔拖动到新位置。画笔只能在其所属的画笔类型中移动，如图 5-10 所示。例如，无法将书法画笔移到散点画笔中。

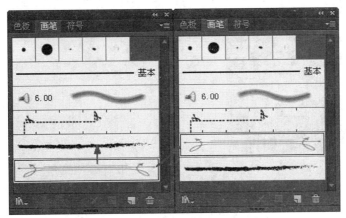

图 5-10 【画笔】面板

5. 删除画笔

如果一个或一些画笔不再需要，可以在【画笔】面板中选取要删除的画笔，如图 5-11 所示，然后在面板的底部单击 📷（删除画笔）按钮，弹出如图 5-12 所示的对话框，在其中单击【删除描边】按钮，即可将选择的画笔删除，如图 5-13 所示。也可以直接在面板中拖动要删除的画笔到【删除画笔】按钮上，同样也可将其删除。

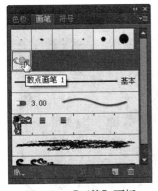

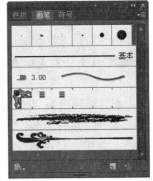

图 5-11 【画笔】面板   图 5-12 警告对话框   图 5-13 【画笔】面板

5.1.3 使用画笔工具绘制图形

使用画笔工具并结合【画笔】面板和画笔库可以绘制多种预设的图形，也可以绘制自定的图形，减少绘制同种图形所花费的时间。

使用画笔工具可以同时绘制路径和应用笔刷笔画。Illustrator 会在绘制时设定锚点，不需要决定锚点要放置在哪里。但是路径完成时，可以对其进行调整。

在路径上出现锚点的数量取决于路径的长度和复杂度，以及【画笔工具选项】对话框中的保真度。这些设定可以控制鼠标或绘图板上数字笔移动画笔工具的敏感度。

上机实战　使用画笔工具绘制图形

1　在【装饰_散布】画笔库中选择所需的画笔，如图 5-14 所示，从工具箱中选择 ✓ 画笔工具，采用默认值在画面中适当位置由左上向右下拖动，即可得到一条曲线，同时在周围生成一些有规则的星形、圆形与五角形等，如图 5-15 所示。

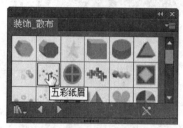

图 5-14　【装饰_散布】画笔库

图 5-15　用画笔工具绘制的散布图形

2　按住【Ctrl】键在空白处单击取消选择；再在画笔库中选择所需的画笔，如图 5-16 所示，然后在画面中拖出一条直线路径，即可得到如图 5-17 所示的图形，再按【Ctrl】键在空白处单击取消选择。

图 5-16　【装饰_散布】画笔库

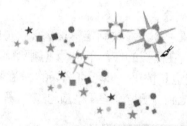

图 5-17　用画笔工具绘制的散布图形

3　在工具箱中双击画笔工具，弹出如图 5-18 所示的【画笔工具选项】对话框，在其中设置所需的选项。

【画笔工具选项】对话框中各选项说明如下：

图 5-18　【画笔工具选项】对话框

- 【保真度】：用来设定画笔工具在绘制曲线时，所经过的路径上各点的精确度，保真度的值越小，所绘制的曲线就越粗糙，精度较低。保真度的值越大，所绘制的曲线就越逼真，精度较高。【保真度】的范围为 0.5～20 像素。
- 【平滑度】：用来指定画笔工具绘制曲线的光滑程度。平滑值越大，绘制的曲线就越平滑，否则相反。【平滑度】的范围为 0%～100%。
- 【填充新画笔描边】：如果勾选该选项，每次使用画笔工具绘制图形时，系统都会自动以默认颜色来填充对象的轮廓线。如果不勾选，则不填充轮廓线。
- 【保持选定】：如果勾选该选项，每绘制一条曲线，绘制出的曲线都将处于选中状态。如果不勾选，则绘制的曲线不被选中。
- 【编辑所选路径】：如果勾选该选项，可以使用画笔工具来变更现有的路径，否则就不能。

● 【范围：_像素】：决定如果要使用画笔工具编辑现有路径时，鼠标或数字笔与该路径之间的接近程度。只有在选取【编辑所选路径】选项时才能使用此选项。

4 在【画笔工具选项】对话框中取消【保持选定】的勾选，单击【确定】按钮，按【Ctrl】键在画面中单击取消选择，再在【装饰_散布】画笔库中选择所需画笔，如图 5-19 所示，然后在画面中画一个心形图形，即可得到如图 5-20 所示的效果。

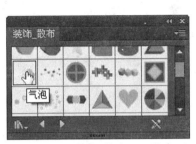

图 5-19　【装饰_散布】画笔库

图 5-20　用画笔工具绘制的散布图形

5.1.4　应用画笔到现有的路径

可以将画笔应用到使用 Illustrator 绘图工具建立的路径。

上机实战　应用画笔到现有路径

1 按【Ctrl＋N】键新建一个文件，在工具箱中选择椭圆工具，然后在画面中拖出一个椭圆形，如图 5-21 所示。

2 在【窗口】菜单中执行【画笔库】→【边框】→【边框_装饰】命令，打开【边框_装饰】画笔库，并在其中单击所需的画笔，如图 5-22 所示，即可将画笔应用到椭圆形路径上，如图 5-23 所示。

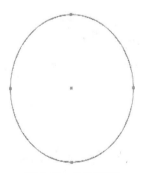

图 5-21　绘制椭圆

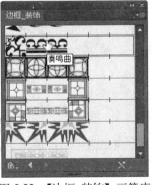

图 5-22　【边框_装饰】画笔库

图 5-23　添加边框装饰后的效果

3 使用椭圆工具在应用画笔的椭圆形中心上按下【Alt】键向外拖出一个小一点的椭圆，如图 5-24 所示。

4 在【边框_装饰】画笔库中单击所需的画笔，如图 5-25 所示，即可将画笔应用到小椭

圆路径上，效果如图 5-26 所示。

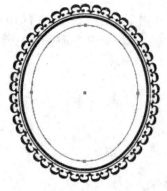

图 5-24 绘制椭圆

图 5-25 【边框_装饰】画笔库

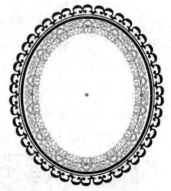

图 5-26 添加边框装饰后的效果

5.1.5 替换路径上的画笔

可以使用不同的画笔替换路径上的画笔描边。

上机实战 替换路径上的画笔

1 在【窗口】菜单中执行【画笔库】→【边框】→【边框_框架】命令，打开【边框_框架】画笔库。

2 在【边框_框架】画笔库中单击所需的画笔，如图 5-27 所示，即可将椭圆路径上的画笔替换，效果如图 5-28 所示。

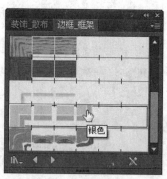

图 5-27 【边框_装饰】画笔库

图 5-28 添加边框装饰后的效果

5.1.6 从路径上移除画笔描边

可以移除路径上的画笔描边，将画笔路径转换成为正常的路径。

在【画笔】面板中单击 ✕ （移除画笔描边）按钮，即可将椭圆路径（即所选择对象）上的画笔描边移除。

5.1.7 将画笔描边转换成为外框

可以使用【扩展外观】命令将画笔描边转换为外框路径。当要编辑画笔路径的个别组件时，这个命令非常方便。

上机实战 将画笔描边转换为外框

1 按【Ctrl】键单击稍大一点的椭圆描边，以选择它，然后在菜单中执行【对象】→【扩展外观】命令，即可将画笔描边转换为外框路径，如图 5-29 所示。

2 在【颜色】面板中使描边为当前颜色设置，再设定描边颜色为"C：0、M：64、Y：72、K：0"，如图 5-30 所示，即可将外框路径的颜色进行更改，在空白处单击以取消选择，即可查看到效果，如图 5-31 所示。

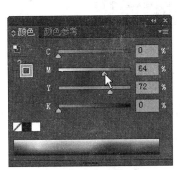

图 5-29 扩展外观后的效果   图 5-30 【颜色】面板   图 5-31 改变描边颜色后的效果

5.2 创建和编辑画笔

在 Illustrator 中，可以创建新画笔和修改现有（当前选择）的画笔。所有的画笔必须是由简单向量（矢量）对象所构成。画笔不能包含有图层、渐变、其他画笔笔触、网格图形、点阵图、图表、置入的档案或遮色片。

艺术画笔和图案画笔不能包含文字，如果要创建包含文字的画笔笔触，可以先创建文字的外框，然后使用该外框创建画笔。

5.2.1 创建书法画笔

可以更改书法画笔绘制笔触时的角度、圆率和直径。

上机实战 创建书法画笔

1 显示【画笔】面板，在其中单击【新建画笔】按钮，接着在弹出的【新建画笔】对话框中选择【书法画笔】选项，如图 5-32 所示。

2 单击【确定】按钮，弹出【书法画笔选项】对话框，在其中的【名称】文本框中输入该画笔的名称，在【角度】文本框中输入所需的角度，再设定所需的圆度和直径，也可以根据需要设定变化类型，如图 5-33 所示，单击【确定】按钮，即可创建了一个书法画笔，在【画笔】面板中可以查找到，如图 5-34 所示。

图 5-32 新建画笔

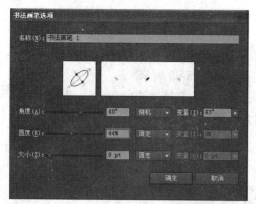

图 5-33 【书法画笔选项】对话框

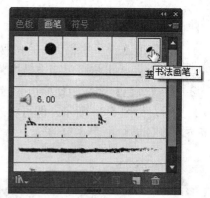

图 5-34 【画笔】面板

5.2.2 创建散点画笔

在 Illustrator 中，可以使用图稿定义散点画笔，也可以变更使用散点画笔绘制的路径上对象的大小、间距、分散图案和旋转。

上机实战 创建散点画笔

1 使用铅笔工具绘制一只蝴蝶，并填充相应的颜色，如图 5-35 所示。

2 在工具箱中选择 选择工具，并框选整只蝴蝶，如图 5-36 所示，然后在【画笔】面板中单击 （新建画笔）按钮，弹出【新建画笔】对话框，并在其中选择【散点画笔】，如图 5-37 所示。

图 5-35 绘制一只蝴蝶

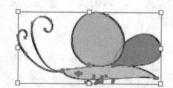

图 5-36 选择对象

图 5-37 【新建画笔】对话框

3 选择好后单击【确定】按钮，弹出【散点画笔选项】对话框，在其中设定【大小】的类型为随机，再设置【大小】为 60%至 100%，【间距】的类型为随机，【间距】为79%至100%，【旋转】的类型为随机，【旋转角度】为34°～0°，其他不变，如图 5-38 所示，单击【确定】按钮，即可将其定义为散点画笔，可以在【画笔】面板中查找到，如图 5-39 所示。

【散点画笔选项】对话框中各选项说明如下：

- 【大小】：控制对象的大小。
- 【间距】：控制对象之间的距离。
- 【分布】：控制路径两侧对象与路径之间接近的程度。数值越高，对象与路径之间的距离越远。
- 【旋转】：控制对象的旋转角度。

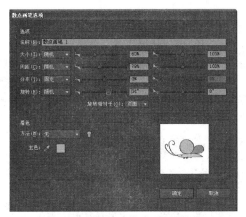

图 5-38 【散点画笔选项】对话框

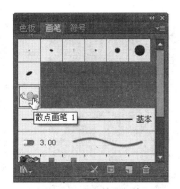

图 5-39 【画笔】面板

- 【着色】：可以在其下拉列表中选择上色方式。

  ➢ 【无】：可以保持笔刷的颜色与其在【画笔】面板中的颜色相同。

  ➢ 【色调】：使用笔触颜色的刷淡色显示画笔笔触。

  ➢ 【淡色和暗度】：使用笔触颜色的刷淡色和浓度变化显示画笔笔触。【淡色和暗度】会保留黑色和白色，而其中的所有部分会变成笔触颜色从黑至白的渐变。

  ➢ 【色相转换】：在笔刷使用多种颜色时，可以选择【色相转换】。

4 在画面的空白处单击，取消选择，在工具箱中选择画笔工具，接着在画面中拖出一条路径，即可得到如图 5-40 所示的效果。

图 5-40 用画笔工具绘制的图形

5.2.3 创建毛刷画笔

在 Illustrator 中可以不用选择任何对象直接创建毛刷画笔。

上机实战 创建毛刷画笔

1 按【Ctrl + N】键新建一个文件，在【画笔】面板中单击 （新建画笔）按钮，弹出【新建画笔】对话框，在其中选择【毛刷画笔】选项，如图 5-41 所示，选择好后单击【确定】按钮，接着弹出如图 5-42 所示的【毛刷画笔选项】对话框，在其中设定【毛刷长度】为 300%，【毛刷密度】为 19%，【毛刷粗细】为 22%，【上色不透明度】为 60%，【硬度】为 25%，其他不变，单击【确定】按钮，即可将其定义为一种毛刷画笔，在【画笔】面板中可以查看到，如图 5-43 所示。

2 可以应用创建的毛刷画笔绘制头发。先打开一个已经绘制好的人物，如图 5-44 所示。

3 在【图层】面板中单击 （创建新图层）按钮，新建一个图层为图层 2，如图 5-45 所示，再将图层 2 拖至图层 1 的下层，如图 5-46 所示，然后在【颜色】面板中设置描边颜色为“C：0、M：78、Y：100、K：0”，如图 5-47 所示。

4 在工具箱中选择画笔工具，并在【画笔】面板中选择创建的画笔，然后在画面中人物的头部左侧按下左键进行拖移，绘制一束发丝形状，如图 5-48 所示，松开左键后即可得到一束漂亮的发丝，如图 5-49 所示。

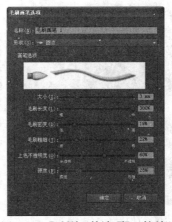

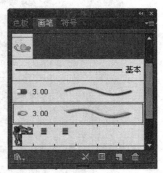

图 5-41 【新建画笔】对话框 　　图 5-42 【毛刷画笔选项】对话框 　　图 5-43 【画笔】面板

图 5-44 打开的人物

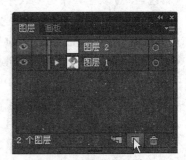

图 5-45 【图层】面板

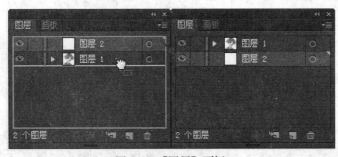

图 5-46 【图层】面板

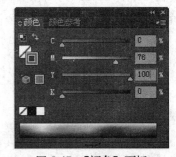

图 5-47 【颜色】面板

5 使用同样的方法再绘制多束发丝，绘制好后的效果如图 5-50 所示。

图 5-48 用画笔工具绘制头发

图 5-49 用画笔工具绘制头发

图 5-50 用画笔工具绘制头发

6　在【画笔】面板中选择榛树画笔，如图 5-51 所示，然后在要绘制头发的地方进行绘制，绘制出比较密的头发，绘制好后的效果如图 5-52 所示。

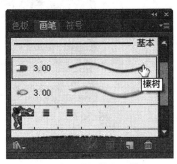

图 5-51　【画笔】面板

图 5-52　用画笔工具绘制头发

5.2.4　创建图案画笔

如果要创建图案画笔，可以使用【色板】面板中的图案色板或插画中的图稿定义画笔中的拼贴。使用色板定义图案画笔时，可以使用预先加载的图案色板，或建立自己的图案色板。

可以更改图案画笔的大小、间距和方向。另外，还能将新的图稿应用至图案画笔中的任一个拼贴上，以重新定义该画笔。

上机实战　创建图案画笔

1　按【Ctrl＋N】键新建一个文件，在工具箱中选择铅笔工具，在画面中绘制出如图 5-53 所示的图形，在菜单中执行【窗口】→【色板】命令，显示【色板】面板，并在其中单击所需的色板，即可将所选叶片填充为该颜色，如图 5-54 所示。

图 5-53　用铅笔工具绘制图形

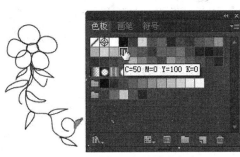

图 5-54　选择对象并填充颜色

2　使用选择工具在枝上依次单击要填充颜色的叶子与花瓣，并在【色板】面板中分别依次单击所需的色板，即可将它们填充为不同的颜色，画面效果如图 5-55 所示。

3　使用选择工具框选整朵花，再在【颜色】面板中使描边为当前颜色设置，然后设定描边颜色为无，将花的轮廓颜色设定为无，如图 5-56 所示。

4　框选绘制的所有对象，显示【画笔】面板，在其底部单击【新建画笔】按钮，弹出【新建画笔】对话框，并在其中选择【图案画笔】选项，如图 5-57 所示，选择好后单击【确定】按钮，弹出如图 5-58 所示的【图案画笔选项】对话框，在其中设定【缩放】为固定，比例大小为 10%，选择【横向翻转】和【近似路径】，如图 5-58 所示，单击【确定】按钮，即可将所选花草定义为图案画笔。

图 5-55　选择各种颜色后的效果　　图 5-56　将花的描边颜色设为无　　图 5-57　【新建画笔】对话框

5　在【画笔】面板中可以查看到刚创建的画笔，如图 5-59 所示。

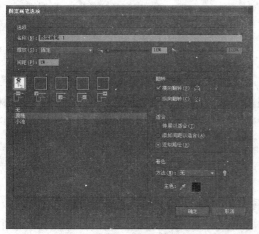

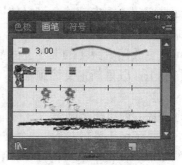

图 5-58　【图案画笔选项】对话框　　　　　　图 5-59　【画笔】面板

6　在画面中单击取消选择，再在工具箱中选择椭圆工具，并移动指针到画面中拖动鼠标绘制出一个椭圆，如图 5-60 所示，然后在【画笔】面板中单击创建的图案画笔，即可得到如图 5-61 所示的效果。

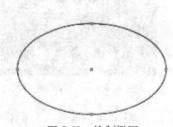

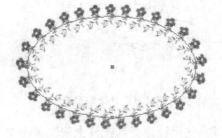

图 5-60　绘制椭圆　　　　　　　　　图 5-61　应用图案画笔后的效果

5.2.5　创建艺术画笔

在 Illustrator 中，可以使用 Illustrator 图稿来定义艺术画笔。可以更改使用艺术画笔沿着路径绘制的对象的方向和大小，也可以沿着路径或跨越路径翻转对象。

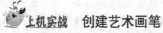　创建艺术画笔

1　按【Ctrl＋N】键新建一个文件，在工具箱选择铅笔工具，在画面中绘制出如图 5-62

所示的封闭图形，然后在【颜色】面板中设定填色为当前颜色设置，并使填色为绿色，如图 5-63 所示，即可得到如图 5-64 所示的效果。

图 5-62　用铅笔工具绘制的图形

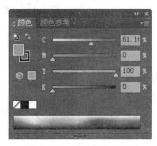

图 5-63　【颜色】面板

图 5-64　填充颜色后的效果

2　在【画笔】面板中单击【新建画笔】按钮，并在弹出的【新建画笔】对话框中选择【艺术画笔】选项，如图 5-65 所示，单击【确定】按钮，接着在弹出的【艺术画笔选项】对话框中设置【宽度】为 20%，选择【在参考线之间伸展】选项，【终点】为 50mm，【方向】为 ↓ 向下，【翻转】为纵向翻转，【方法】为淡色与暗色，如图 5-66 所示，单击【确定】按钮，即可将该图形创建成艺术画笔。

图 5-65　【新建画笔】对话框

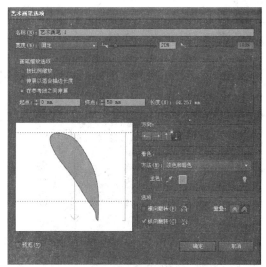

图 5-66　【艺术画笔选项】对话框

3　在【画笔】面板中可以查看创建的艺术画笔，如图 5-67 所示，然后在工具箱中选择画笔工具，在画面中拖出一条路径，即可得到如图 5-68 所示的效果。

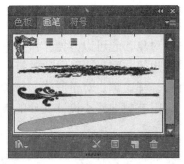

图 5-67　【画笔】面板

图 5-68　用画笔工具绘制所选画笔

5.2.6　复制与修改画笔

在 Illustrator 中，可以复制与修改
【画笔】面板中的画笔。

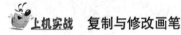

上机实战　复制与修改画笔

1　在【画笔】面板中选择要复制
的画笔，然后拖动画笔到【新建画笔】
按钮上，在画笔成凹下状态时松开左键，
即可复制一组画笔，如图 5-69 所示。

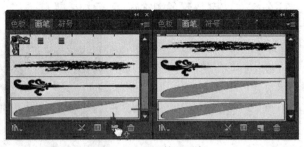

图 5-69　【画笔】面板

　可以在画笔弹出式菜单中选择【复制画笔】命令。

2　如果要对所选的画笔进行修改，可以在【画笔】面板中双击它，弹出【艺术画笔选
项】对话框，在其中设定【宽度】为 53%，【画笔缩放选项】为伸展以适合描边长度，【方法】
为无，其他不变，如图 5-70 所示，单击【确定】按钮，将弹出画笔更改警告对话框，在其中
单击【应用于描边】按钮，如图 5-71 所示，即可将画面中选择的艺术画笔进行更改，画面效
果如图 5-72 所示。

图 5-71　警告对话框

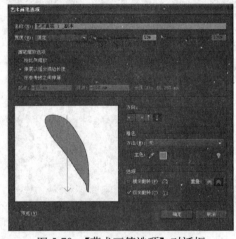

图 5-70　【艺术画笔选项】对话框

图 5-72　改变画笔后的效果

5.3　使用符号

符号是一种可以在文件中重复使用的艺术（线条图）对象，它可以方便、快捷地生成很
多相似的图形实例，比如一片树林、一群游鱼、水中的气泡等。同时还可以通过符号体系工
具灵活、快速地调整和修饰符号图形的大小、距离、色彩、样式等。对于群体、簇类的物体
不必像以前的版本那样必须通过【复制】命令复制了，可以有效地减小设计文件的大小。

5.3.1　符号面板与符号库

可以使用【符号】面板管理文件的符号。在预设的情况下，【符号】面板包含各种不同

的预设符号，还可以建立新符号、修改现有的符号以及删除不再使用的符号。

建立和储存在【符号】面板中的符号，只会与目前的档案（文件）相关联。每个 Illustrator 档案在其【符号】面板中，可以有不同组的符号。

在 Illustrator 中还附有多种预设符号，这些符号都集中在符号库中，可以开启多个符号库，在它们的内容中查看并选取所需的符号，也可以建立新的符号库。

当开启符号库时，它会出现在新面板中。符号的用法与【符号】面板基本相同，可以选取、排序、检视在符号数据库中的符号。

1. 符号面板

上机实战　符号面板的使用

1　在菜单中执行【窗口】→【符号】命令，显示【符号】面板，如图 5-73 所示，可以在其中选择所需的符号。

2　如果要在面板中选择一个符号，直接单击该符号即可。如果要选择连续的符号，可以先单击要选择的符号范围中的第一个符号，再按【Shift】键单击该范围的最后一个符号。如果要选择不连续的符号，可以按【Ctrl】键在【符号】面板中单击要选择的符号。

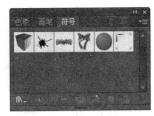

图 5-73　【符号】面板

3　可以更改面板的显示方式。在面板中单击右上角的 按钮，弹出如图 5-74 所示的下拉菜单，在其中可以选择以哪种方式查看（如【小列表视图】、【大列表视图】和【缩略图视图】），如选择【大列表视图】命令，即可在面板中显示出图标与名称，如图 5-75 所示。

图 5-74　面板菜单

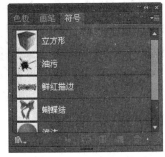

图 5-75　【符号】面板

4　可以在【符号】面板中改变符号的排放顺序，先在面板中选择要移动的符号，再拖动该符号到所需的位置成粗线条状时松开左键，如图 5-76 所示，即可将该符号移至松开左键处，如图 5-77 所示。

5　如果要将符号放置在画面中，可以在【符号】面板中单击 （置入符号实例）按钮，如图 5-78 所示。

6　如果要替换画面中的符号，可以先在面板中选择所需的符号，然后在面板菜单中执行【替换符号】命令，如图 5-79 所示，即可将画面中的符号进行替换，如图 5-80 所示。

图 5-76 【符号】面板

图 5-77 【符号】面板

图 5-78 置入符号

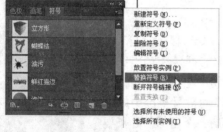

图 5-79 选择【替换符号】命令

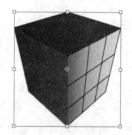

图 5-80 替换的符号

 可以在【符号】面板中创建新的符号、删除不再需要的符号与复制符号等，其用法与在【画笔】面板中创建新画笔、删除画笔与复制画笔的方法一样。

2. 符号库

上机实战 符号库的使用

1 在菜单中执行【窗口】→【符号库】命令，在其子菜单中显示许多预设的符号库，在其中单击【3D 符号】命令，如图 5-81 所示，即可打开 3D 符号库，如图 5-82 所示。

图 5-81 选择符号库

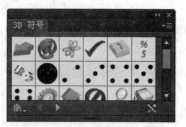

图 5-82 【3D 符号】符号库

2　如果想将预设符号加入到【符号】面板中，单击符号库中的符号，即可自动将其加入到【符号】面板中。如果要加入多个符号，需要先在符号库中选择它们，然后将它们拖动到【符号】面板中，当指针成 状时松开左键，如图 5-83 所示，即可将多个符号加入到【符号】面板中，如图 5-84 所示。

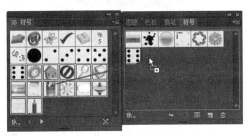

图 5-83　移动多个符号

图 5-84　【符号】面板

3　如果要创建新的符号库，可以将【符号】面板的视图改为缩览图视图显示，将所要的符号加入【符号】面板中，并删除不再需要的符号，如图 5-85 所示。然后在【符号】面板的弹出式菜单中选择【存储符号库】命令，如图 5-86 所示，弹出【将符号存储为库】对话框，在【保存在】下拉列表中选择要保存的位置，在【文件名】文本框中输入所需的名称，如图 5-87 所示，单击【保存】按钮，即可将【符号】面板中的符号存储为新的符号库了。

图 5-85　【符号】面板

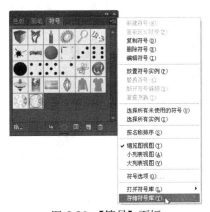

图 5-86　【符号】面板

4　如果要打开自定的符号库，可以在菜单中执行【窗口】→【符号库】→【用户定义】→0001 命令，即可将其打开到程序窗口中，如图 5-88 所示。

图 5-87　【将符号存储为库】对话框

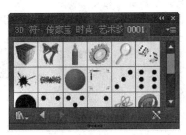

图 5-88　自定符号库

5 在每一次启动 Illustrator 程序时，符号库都不会自动开启在程序窗口中。如果要使经常使用的符号库或自定的符号库，在开启 Illustrator 程序时自动开启的程序窗口中，可以在符号库的弹出式菜单中执行【保持】命令，如图 5-89 所示，这样每次在开启 Illustrator 程序时，该符号库就会自动开启在程序窗口中。

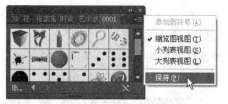

图 5-89　选择【保持】命令

5.3.2 创建符号

可以从任何 Illustrator 图形对象创建符号，包括路径、复合路径、文字、点阵图、网格对象以及对象群组。但是，不能使用链接式置入的线条图当作符号，也不能使用某些群组，例如图表群组。在符号中还可以包含作用中的对象，如渐变、特效或符号中的其他符号范例。

可以从现有的符号创建新符号、复制符号，并且进行编辑。也可以在创建符号后，对其重新命名或进行复制以创建新符号。

上机实战　创建符号

1 使用椭圆工具、渐变工具与【渐变】面板在文档中绘制一个圆形按钮，效果如图 5-90 所示。

2 使用选择工具框选整个圆形按钮，如图 5-91 所示，然后在【符号】面板中单击【新建符号】按钮，如图 5-92 所示，弹出【符号选项】对话框，在其中可以设置所需的选项，也可采用默认值，如图 5-93 所示，单击【确定】按钮，即可将其创建成符号，如图 5-94 所示。

图 5-90　打开的按钮

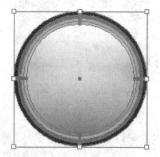

图 5-91　选择按钮

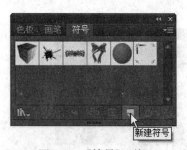

图 5-92　【符号】面板

图 5-93　【符号选项】对话框

图 5-94　【符号】面板

5.4 符号工具的应用

使用符号工具可以创建与修改符号范例组。使用符号喷枪工具可以建立符号组，在建立符号组后，可以使用其他的符号工具变更组合中范例的密度、颜色、位置、尺寸、旋转度、透明度与样式。

5.4.1 符号喷枪工具

使用符号喷枪工具可以将【符号】面板中的符号应用到文档中。可以在文档中单击或拖动来应用符号。

上机实战 使用符号喷枪工具应用符号

1 从工具箱中选择 符号喷枪工具，显示【符号】面板，并在其中选择符号，如图 5-95 所示。在文档中拖动，即可得到多个蝴蝶结，如图 5-96 所示。

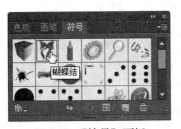

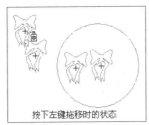

图 5-95 【符号】面板 　　　　　　　　　　图 5-96 绘制符号

2 在菜单中执行【窗口】→【符号库】→【庆祝】命令，显示【庆祝】符号库，并在其中选择所需的符号，如图 5-97 所示，然后在蝴蝶结的上方拖动，以绘制一个蛋糕，效果如图 5-98 所示。

3 在工具箱中双击符号喷枪工具，弹出如图 5-99 所示的对话框，在其中设定【符号组密度】为 10，其他不变，即可将选中符号的密度减小，如果效果满意，单击【确定】按钮即可。

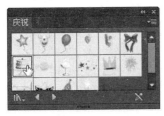

图 5-97 【庆祝】符号库

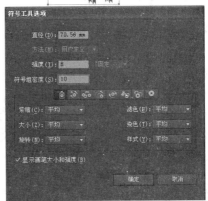

图 5-98 绘制符号 　　　　　　　　　　图 5-99 设置符号组密度

【符号工具选项】对话框中各选项说明如下：

- 【直径】：可以指定工具的笔刷大小。
- 【强度】：指定变更速度，值越高表示变更速度越快。或是选取【使用压感笔】以使用数字板或数字笔的输入，而不采用【强度】数值。
- 【符号组密度】：指定符号组的吸力值，值越高表示符号范例越密集。此设定会应用到整个符号组。选取符号组时，密度会改变符号组中的所有符号范例，而不只是新建的范例。

 符号组是使用符号喷枪工具创建的符号范例群组。可以使用符号喷枪工具创建一种符号，然后创建另一种符号，最后创建混合的符号范例组。

- 【显示画笔大小及强度】：可以在使用工具时观看其大小。

4 按【Ctrl】键在空白处单击以取消选择，再在工具箱中双击符号喷枪工具，在弹出的对话框中设定【直径】为 50mm，【强度】为 5，【符号组密度】为 2，其他不变，如图 5-100 所示，单击【确定】按钮。

5 在【庆祝】符号库中选择所需的符号，如图 5-101 所示，然后在画面中拖动，即可得到如图 5-102 所示的效果。

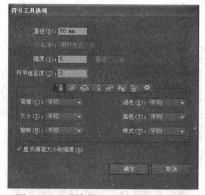

图 5-100 【符号工具选项】对话框

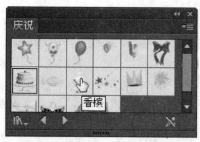

图 5-101 【庆祝】符号库

图 5-102 绘制的符号

5.4.2 符号移位器工具

使用符号移位器工具可以移动应用到文档中的符号实例或符号组。

上机实战 使用符号移位器工具移动符号

1 在工具箱中双击 符号移位器工具，弹出如图 5-103 所示的【符号工具选项】对话框，并在其中设置【直径】为 30mm，【符号组密度】为 5，其他不变，单击【确定】按钮。

2 在需要移动的符号组上按下左键拖动，即可将符号进行移位，如图 5-104 所示。

 最好是在用符号喷枪工具将符号置入文件中后就对其进行适当移动，因为在文件中置入了多组符号后，再来对其进行移动时，可能并不如意。

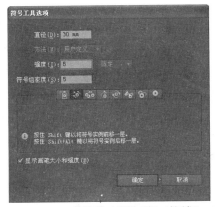

图 5-103　【符号工具选项】对话框

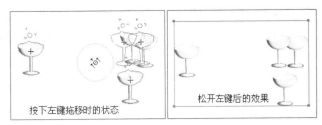

图 5-104　移动符号

5.4.3　符号紧缩器工具

使用符号紧缩器工具可以将应用到文档中的符号缩紧。

上机实战　使用符号紧缩器工具缩紧符号

1　在菜单中执行【窗口】→【符号库】→【复古】命令，打开【复古】符号库，并在其中单击符号，如图 5-105 所示，在工具箱中选择符号喷枪工具，然后在文档中按下左键拖动，即可得到如图 5-106 所示的图形。

图 5-105　【复古】符号库

图 5-106　绘制的符号

2　从工具箱中选择 符号紧缩器工具，在图形上从集合的左上角按下左键向右下角拖动，如图 5-107 所示，松开左键后即可将小汽车与小汽车之间的距离缩紧，如图 5-108 所示。

图 5-107　用符号紧缩器工具缩紧对象

图 5-108　用符号紧缩器工具缩紧对象

5.4.4　符号缩放器工具

使用符号缩放器工具可以将选中的符号放大或缩小。

上机实战　使用符号缩放器工具缩放符号

图 5-109　【符号工具选项】对话框

1 在工具箱中双击 符号缩放器工具，弹出【符号工具选项】对话框，在其中设定【方法】为用户定义，其他不变，如图 5-109 所示，单击【确定】按钮，然后在符号上按下左键不放，得到所需的大小时即可松开左键，如图 5-110 所示。

2 按【Alt】键在要缩小的符号上按下左键不放，即可将该符号缩小，如图 5-111 所示。

图 5-110　用符号缩放器工具放大符号

图 5-111　用符号缩放器工具缩小符号

 根据按下左键不动的时间长短，符号缩放器工具对符号的放大与缩小也不同，按下时间越久则放大或缩小的程度就越大，否则相反。

5.4.5　符号旋转器工具

使用符号旋转器工具可以将文档中所选的符号进行任一角度旋转。

上机实战　使用符号旋转器工具旋转符号

1 在菜单中执行【窗口】→【符号库】→【自然】命令，打开【自然】符号库，在其中单击符号，如图 5-112 所示，接着按【Ctrl】键在画面的空白处单击取消选择，再在工具箱中选择 符号喷枪工具，然后在文档中按下左键拖动，即可得到如图 5-113 所示的图形。

2 在工具箱中选择 符号旋转器工具，在右边的一只蜜蜂上按下左键向左下角进行旋转，如图 5-114 左所示，松开左键后即可得到如图 5-114 右所示的效果。

图 5-112　【自然】符号库

图 5-113　绘制的符号

图 5-114　用符号旋转器工具旋转符号

5.4.6　符号着色器工具

使用符号着色器工具可以将文档中所选符号着色。根据单击的次数不同，着色颜色的深浅也不同，单击次数越多颜色变化越大，如果按下【Alt】键的同时单击则会减小颜色变化。

![上机实战图标] **上机实战　使用符号着色器工具为符号着色**

1　按【Ctrl＋＋】键放大符号，在工具箱中双击符号缩放器工具，弹出【符号工具选项】对话框，在其中设定【直径】为 20mm，其他不变，如图 5-115 所示，单击【确定】按钮。

2　移动指针到左边的蜜蜂上，按下左键不放可以将其放大，如图 5-116 所示。

图 5-115　【符号工具选项】对话框　　　　　图 5-116　用符号缩放器工具放大符号

 如果在拖动时个别符号达不到所需的大小，可以在该符号上单击或多次单击。

3　显示【颜色】面板，在其中设置填充颜色为"C：0、M：100、Y：0、K：0"，如图 5-117 所示。然后从工具箱中选择 符号着色器工具，在最大的蜜蜂上单击，即可用当前的颜色填充所单击的符号，如图 5-118 所示。

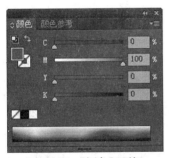

图 5-117　【颜色】面板　　　　　图 5-118　用符号着色器工具对符号上色

5.4.7　符号滤色器工具

使用符号滤色器工具可以改变文档中所选符号的不透明度。

![上机实战图标] **上机实战　使用符号滤色器工具改变符号的不透明度**

1　从工具箱中选择 符号滤色器工具，移动指针到最右边的蜜蜂上，按下左键向第二只蜜蜂拖动，在第二只蜜蜂上稍停一下松开左键，即可把蜜蜂的不透明度降低，而且第二只蜜蜂的不透明度降得大一些，画面效果如图 5-119 所示。

2　在第三只蜜蜂上单击，同样可以将其不透明度降低，画面效果如图 5-120 所示。

图 5-119　用符号滤色器工具降低不透明度

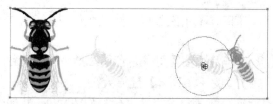

图 5-120　用符号滤色器工具降低不透明度

5.4.8　符号样式器工具

使用符号样式器工具可以以某种样式更改符号中的样式。

上机实战　使用符号样式器工具改变符号的样式

1　显示【图形样式】面板，在其中选择所需的样式，如图 5-121 所示。

2　在工具箱中选择 符号样式器工具，移动指针到画面中按下左键，从第一只蜜蜂向最后一只蜜蜂拖移，如图 5-122 所示，松开左键后这四只蜜蜂就应用了新的样式，画面效果如图 5-123 所示。

图 5-121　【图形样式】面板

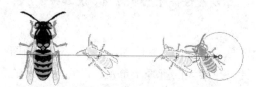

图 5-122　用符号样式器工具为符号添加样式

图 5-123　用符号样式器工具为符号添加样式

5.5　绘制光晕对象

使用光晕工具可以通过明亮的中心点、光晕、放射线和光环创建闪耀对象，这些对象具有一个明亮的中心、晕轮、射线和光圈。使用此工具可以创建类似相片中透镜眩光的特效。

闪耀包含中心控制点和末端控制点，使用控制点可以放置反光和其光环，中心控制点位于反光的明亮中心，反光路径即由此点开始。

上机实战　绘制光晕对象

1　从配套光盘的素材库中打开一个要添加光晕的图片，如图 5-124 所示。

2　从工具箱中选择 光晕工具，在画面中确定一点作为光晕中心，并在中心点上按下左键向左下方拖移，如图 5-125 所示。松开左键后移动指针到一定距离时再按下左键拖动，确定镜头眩光方向和距离，如图 5-126 所示。

3　在得到所需的要求后松开左键，即可得到如图 5-127

图 5-124　打开的图片

所示的效果。按【Ctrl】键在空白处单击以取消选择，效果如图 5-128 所示。

图 5-125　绘制光晕

图 5-126　绘制光晕

图 5-127　绘制光晕

图 5-128　绘制光晕

4　在画面的左上方单击，弹出【光晕工具选项】对话框，并在其中设定【直径】为 40pt，【不透明度】为 68%，光晕增大为 110%，环形方向为 307 度，其他不变，如图 5-129 所示，单击【确定】按钮，即可得到如图 5-130 所示的效果。

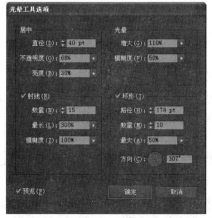

图 5-129　【光晕工具选项】对话框

图 5-130　绘制光晕

【光晕工具选项】对话框中各选项说明如下：

- 【居中】：指定光晕中心点的整体直径、不透明度和亮度。
- 【光晕】：指定光晕的扩张度以作为整体大小的百分比，并指定光晕的模糊度（0是锐利，100是模糊）。
- 【射线】：指定光晕射线的数量、模糊度与最长的射线比例。
- 【环形】：如果要使光晕包含光环，可以勾选【环形】选项，并在【环形】栏中指定光晕的数量、路径、范围与方向。

5.6 应用渐变色与渐变网格

使用渐变工具、【渐变】面板与网格工具可以在对象上应用渐变效果。使用网格工具和渐变工具可以对选择的图形对象进行渐变填充。

网格工具和渐变工具有所不同，其中网格工具可以在图形内添加网格点，并结合【颜色】面板来填充颜色，而填充的颜色向周围渐层展开。而渐变工具则需结合【渐变】面板，并在渐变和【颜色】面板中编辑所需的渐变颜色，然后在文档或图形内任意拖动得到所需的渐变。

5.6.1 应用渐变工具与渐变面板

在使用渐变工具时通常需要使用【渐变】面板，并且需要先在【渐变】面板中设定所需的渐变，然后使用渐变工具在画面中拖动，以给图形进行渐变填充。

上机实战 **使用渐变面板为图形填充渐变**

1 从工具箱中选择 圆角矩形工具，在画面中适当位置单击，弹出【圆角矩形】对话框，在其中设定【宽度】与【高度】均为50mm，【圆角半径】为5mm，如图 5-131 所示，单击【确定】按钮，即可得到一个圆角正方形，如图 5-132 所示。

图 5-131 【圆角矩形】对话框

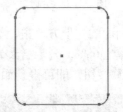

图 5-132 绘制圆角矩形

2 在菜单中执行【窗口】→【渐变】命令，显示【渐变】面板，如图 5-133 所示，接着显示【颜色】面板，并将【颜色】面板拖动到【渐变】面板的底部，如图 5-134 所示，在图形成粗线条状时松开左键即可将【颜色】面板链接到【渐变】面板的下方，如图 5-135 所示。

3 在【渐变】面板中单击 按钮，并在弹出的列表中选择所需的渐变，如图 5-136 所示，即可直接用预设的渐变给圆角正方形进行渐变填充，填充渐变颜色后的结果如图 5-137 所示。

4 在【渐变】面板中可以移动渐变滑块，如图 5-138 所示，即可调整渐变填充颜色，如图 5-139 所示。

5 在【渐变】面板中选择右边的渐变滑块，再在【颜色】面板中设置所需的颜色，即可改变右边渐变滑块的颜色，同时将选择对象的渐变颜色进行更改，如图 5-140 所示。

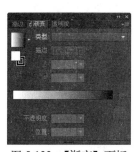

图 5-133　【渐变】面板

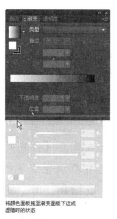

图 5-134　【渐变】面板

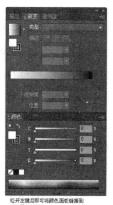

图 5-135　【渐变】面板

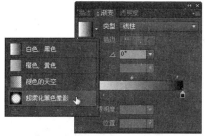

图 5-136　【渐变】面板

图 5-137　添加渐变颜色后的效果

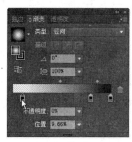

图 5-138　【渐变】面板

图 5-139　改变渐变颜色后的效果

6　如果要添加渐变滑块，移动指针到渐变条下方，当指针呈 状时单击， 即可添加一个渐变滑块，如图 5-141 所示。

图 5-140　编辑渐变

图 5-141　编辑渐变

如果要将【颜色】面板中的灰阶曲线光谱改为 CMYK 光谱，可以在【颜色】面板的右上角单击三角形按钮，弹出下拉菜单，在其中单击【CMYK】命令，即可将灰阶曲线改为 CMYK 光谱。

可以使用以下两种方法调整每个渐变滑块的位置：

方法 1 拖动渐变滑块来改变位置。

方法 2 选择要移动的渐变滑块后直接在【位置】文本框中输入数字。

通过拖动渐变滑杆上的渐变滑块也可以调整渐变的层次。

7 从工具箱中选择渐变工具，在圆角正方形上从左上方按下左键向右下角拖移，如图 5-142 所示，给圆角正方形进行渐变调整，如图 5-143 所示。

 可以在图形内任一拖动，以查看渐变效果。

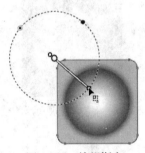

图 5-142 编辑渐变

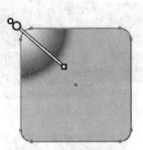

图 5-143 编辑渐变

5.6.2 用网格工具填充对象

使用网格工具可以给对象进行渐变填充，以达到立体效果。也可以使用网格工具绘制逼真的水果、花卉、玩具等三维物体和人物。

上机实战 使用网格工具填充对象

1 新建一个文档，从工具箱中选择圆角矩形工具，在画面中随意绘制一个圆角矩形，如图 5-144 所示，接着在【窗口】菜单中执行【颜色参考】命令，显示【颜色参考】面板，如图 5-145 所示，在其中单击右上角的（协调规则）按钮，并在弹出的列表中选择所需的颜色组，如高对比色 2，如图 5-146 所示，可以在【颜色参考】面板中显示这组颜色，如图 5-147 所示。

图 5-144 绘制圆角矩形

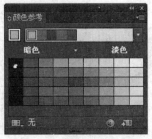

图 5-145 【颜色参考】面板

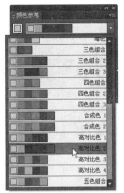

图 5-146 【颜色参考】面板

图 5-147 【颜色参考】面板

2 显示【颜色】面板，在其中单击填色图标，使它为当前颜色设置。如图 5-148 所示。

3 在【颜色参考】面板中单击所需的颜色，即可用单击的颜色对圆角矩形进行颜色填充，如图 5-149 所示。

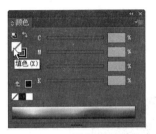

图 5-148 【颜色】面板

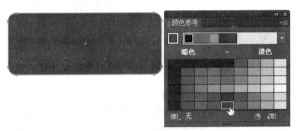

图 5-149 设置颜色

4 在工具箱中选择 网格工具，再移动指针到圆角矩形的左上角，当指针呈 状时单击添加一个网格点，同时添加两条网格线，再在【颜色参考】面板中单击所需的颜色，即可为添加的网格点进行颜色填充，同时颜色向周围渐变扩散，如图 5-150 所示。

5 在圆角矩形的右上角单击，可以添加一个网格点，同时添加了一条网格线，而且还用前面设置的颜色进行了渐变填充，画面效果如图 5-151 所示。

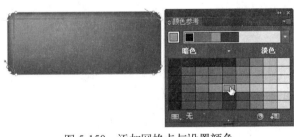

图 5-150 添加网格点与设置颜色

图 5-151 设置颜色

6 在圆角矩形的下边中间位置单击，添加一个网格点，同时添加了两条网格线，再在【颜色参考】面板中单击所需的颜色，给刚添加的网格点进行渐变颜色填充，如图 5-152 所示，然后在圆角矩形的中间位置单击，使用同样的颜色对其进行颜色填充，如图 5-153 所示。

7 在圆角矩形的左下角单击，添加一个网格点，再在【颜色参考】面板中单击所需的颜色，如图 5-154 所示，然后在圆角矩形的右下角单击，使用同样的颜色对其进行颜色填充，如图 5-155 所示。

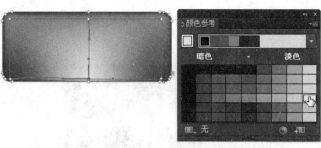

图 5-152　添加网格点与设置颜色

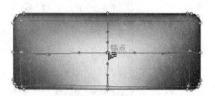

图 5-153　添加网格点

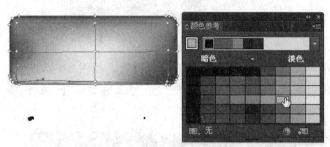

图 5-154　添加网格点与设置颜色

图 5-155　添加网格点

8　使用同样的方法在圆角矩形上分别单击，并填充所需的颜色，如图 5-156 所示。

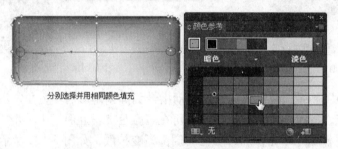

图 5-156　添加网格点与设置颜色

9　移动指针到圆角矩形中间下方的网格点上，当指针呈 状时按下左键向上拖动，即可移动网格点，同时也改变了渐变颜色，如图 5-157 所示。

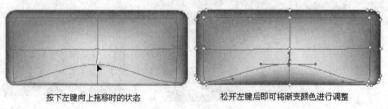

图 5-157　调整颜色

10　在圆角矩形的左边中间位置单击，添加一个网格点，再在【颜色】面板中单击白色，给网格点进行白色填充，同时白色向外渐变扩展，如图 5-158 所示，然后在圆角矩形的右边中间位置单击，用同样的颜色对其进行渐变颜色填充，如图 5-159 所示。

11　移动指针到圆角矩形中间下方的网格点上单击，以选择它，再在【颜色】面板中设置所需的颜色，即可得到所需的效果，如图 5-160 所示，再按【Ctrl】键在画面的空白处单击取消选择，完成圆角矩形按钮的制作，最终效果如图 5-161 所示。

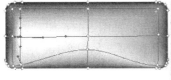
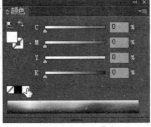

图 5-158　添加网格点与设置颜色

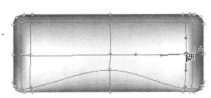

图 5-159　添加网格点

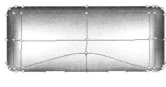
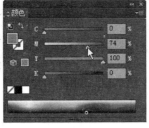

图 5-160　选择网格点与设置颜色

图 5-161　最终效果图

5.6.3　【透明度】面板

在 Illustrator 中，可以使用各种不同的方式为图稿增加透明度。可以将一个对象的填色或笔画（或是两者）、对象群组或是图层的透明度，从 100% 的不透明（完全实色）变更为 0% 的不透明（完全透明）。当降低对象的不透明度时，其下方的图稿会透过该对象表面而变成可见的。

使用【透明度】面板中的命令，也可以绘制一些特殊效果，如去底色或混合透明度。

上机实战　使用透明度面板调整图形的透明度

1　在工具箱中选择 T 文字工具，移动指针到圆角矩形的适当位置单击，在显示一闪一闪的光标后输入所需的文字，再按【Ctrl＋A】键选择刚输入的文字，然后在【字符】面板中设置【字体】为文鼎 CS 大黑，【字体大小】为 40pt，如图 5-162 所示。

2　在工具箱选择 ▶ 选择工具，确认文字输入，如图 5-163 所示；在菜单中执行【窗口】→【透明度】命令，显示【透明度】面板，并在其中设置【混合模式】为滤色，【不透明度】为 81%，如图 5-164 所示，即可得到如图 5-165 所示的效果。

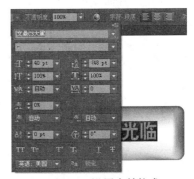

图 5-162　设置字符格式

图 5-163　输入好的文字

图 5-164　【透明度】面板

图 5-165　改变混合模式与不透明度后效果

3 按【Ctrl＋C】键进行复制，按【Ctrl＋V】键进行粘贴，即可复制一个副本，然后将副本移至原始文字左上方一点，再在【颜色】面板中设置所需的颜色，如图 5-166 所示，在【透明度】面板中将【混合模式】改为正片叠底，【不透明度】改为 100%，如图 5-167 所示，即可得到如图 5-168 所示的效果。

图 5-166　【颜色】面板　　　　图 5-167　【透明度】面板　　　　图 5-168　改变混合模式的效果

5.7　混合对象

使用混合工具和混合命令可以在两个或数个选取对象之间创建一系列的中间对象。可以在两个开放路径（如两条不同的线段）、两个封闭路径（如一个圆形和正方形）、不同渐变或其他混合之间产生混合。

可以使用移动、调整尺寸、删除或加入对象的方式编辑已建立的混合。在完成编辑后，图形对象会自动重新混合。

5.7.1　混合

使用混合命令可以在两个对象之间平均建立和分配形状。使用混合工具或混合命令，可以建立一系列间隔一致的条纹。

在 Illustrator 中，可以在两个开放路径之间进行混合，在对象之间产生微小的变化，如图 5-169 所示。或结合颜色和对象的混合，在特定对象形状中产生颜色的转换，如图 5-170所示。

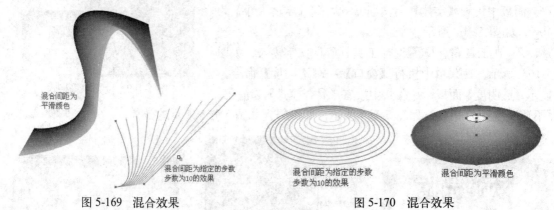

图 5-169　混合效果　　　　　　　　图 5-170　混合效果

以下是应用在混合形状和其相关颜色的规则：

（1）可以在数目不限的对象、颜色、不透明度或渐变之间进行混合，如图 5-171 所示。

（2）混合可以使用工具直接编辑，如选择工具、旋转工具或缩放工具。

（3）第一次应用混合时，混合对象之间会建立直线路径。可以通过拖动锚点和路径线段的方式编辑混合路径。

（4）无法在网格对象之间进行混合。

（5）如果在分别使用印刷色和特别色上色

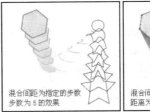
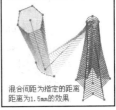

图 5-171　混合效果

的两个对象之间混合，则混合所产生的外框形状会以混合的印刷色上色。如果在两个不同的特别色之间进行混合，则其中间步骤会用印刷色上色。

（6）如果在两个图样对象之间进行混合，混合步骤只会使用最上方图层对象的填色。

（7）如果要在【透明度】面板中将使用了混合模式的两个对象之间进行混合，混合步骤只会使用上方对象的混合模式。

（8）如果在两个有多重外观属性（特效、填色或笔画）的对象之间进行混合，Illustrator 会试图混合其选项。

（9）如果在同一符号的两个范例之间进行混合，混合步骤将成为该符号的范例，如图 5-172 所示。但如果在不同符号的两个范例之间进行混合，混合步骤就不会成为符号范例，如图 5-173 所示。

图 5-172　混合效果

图 5-173　混合效果

（10）如果没有在【混合选项】对话框中选择指定步数或指定距离，Illustrator 会自动计算混合中的步数。

5.7.2　创建混合

上机实战　创建混合

（1）创建要进行混合的图形

1 新建一个文档，显示【颜色】面板，在其中使填充颜色为无，描边颜色为"C：66、M：0、Y：0、K：0"，如图 5-174 所示，在工具箱中选择钢笔工具，然后在画面中适当位置绘制一条开放式曲线，如图 5-175 所示。

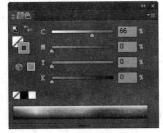

图 5-174　【颜色】面板

图 5-175　绘制曲线

2 在【颜色】面板中设定描边颜色为"C：100、M：0、Y：100、K：0"，如图 5-176 所示，然后使用钢笔工具在画面中绘制的曲线右边绘制一条开放式曲线，如图 5-177 所示。

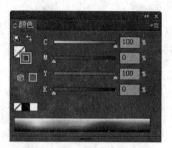

图 5-176 【颜色】面板

图 5-177 绘制曲线

(2) 创建混合

3 在工具箱中双击 混合工具，在弹出的对话框中设置【间距】为指定的步数，步数为 6，如图 5-178 所示，单击【确定】按钮，再移动指针到左边的路径上，当指针成 状时单击，接着移动指针到右边的路径上，当指针成 状时单击，如图 5-179 所示，即可得到如图 5-180 所示的效果。

图 5-178 【混合选项】对话框

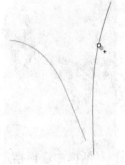

图 5-179 指向曲线时的状态

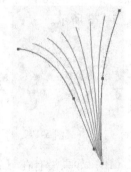

图 5-180 混合后的效果

【混合选项】对话框中各选项说明如下：

- 【间距】：在【间距】下拉列表中，可以选取下列选项：
  - ➤ 【平滑颜色】：使 Illustrator 自动计算混合的步数。如果对象使用不同颜色的填色或笔触颜色，则计算出的步数即是平滑转换颜色所需的最佳数目。如果对象包含相同的颜色，或是包含渐变或图样，则其步数是根据两个对象边框边缘之间的最长距离而定。
  - ➤ 【指定的步数】：用来控制混合开始和结束点之间的步数。
  - ➤ 【指定的距离】：用来控制混合步数之间的距离。指定的距离是从一个对象的边缘到下个对象的对应边缘。例如，从一个对象的最右边，至下个对象的最右边。
- 【取向】：可以使用以下两种取向中的任何一种取向：
  - ➤ 【对齐页面】：用来使混合方向与页面的 x 轴成直角。
  - ➤ 【对齐路径】：用来使混合方向与路径成直角。

4 在工具箱中选择选择工具，使用选择工具框选两条开放式路径，如图 5-181 所示，在工具箱中双击 混合工具，在弹出的对话框中设置【间距】为指定的距离，距离为 2mm，如图 5-182 所示，单击【确定】按钮，将混合距离设为 2mm，再在菜单中执行【对象】→【混合】→【建立】命令，同样可以对两条路径进行指定距离的混合，如图 5-183 所示。

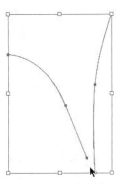

图 5-181　选择对象　　　图 5-182　【混合选项】对话框　　　图 5-183　混合后的效果

5.7.3 编辑混合对象

使用 Illustrator 中的编辑工具可以移动、删除或变形混合。可以使用编辑工具编辑锚点和路径，或改变混合的颜色。在编辑原始对象的锚点时，混合也会随着改变。原始对象之间所混合的新对象不会拥有其本身的锚点。

上机实战　编辑混合对象

1　从工具箱中选择直接选择工具，在混合对象的旁边空白处单击取消选择，再单击一条要编辑的路径以选择它，如图 5-184 所示，然后单击左上角的锚点以选择它，再拖动该锚点向下到适当位置，即可将路径的形状进行改变，同时也将混合进行了更改，如图 5-185所示。

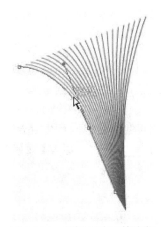
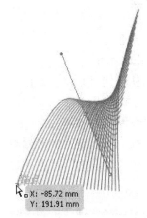

图 5-184　选择要编辑的路径　　　　图 5-185　编辑路径后的效果

2　在【颜色】面板中设定笔触颜色为"C：20、M：0、Y：0、K：0"，即可将所选曲线的颜色进行更改，如图 5-186 所示。

3　使用直接选择工具框选整个混合，然后在工具箱中双击混合工具，弹出【混合选项】对话框，在其中设定【间隔】为指定步数，步数为50，【取向】为 对齐路径，如图 5-187所示，单击【确定】按钮，即可得到如图 5-188 所示的效果。

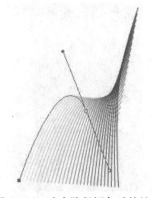

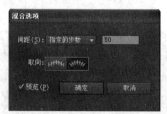

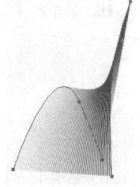

图 5-186 改变路径颜色后的效果　　　图 5-187 【混合选项】对话框　　　图 5-188 改变混合选项后的效果

5.7.4 释放混合

如果不想使用混合，可以将混合释放。只需先选择要释放的混合对象，然后在菜单中执行【对象】→【混合】→【释放】命令，即可将原始对象以外的混合对象删除，只保留没有混合前的对象（即原始对象）。

5.8 本章小结

本章结合实例重点介绍画笔与符号的用法，包括【画笔】面板、画笔库、创建和编辑画笔、创建和编辑符号等。同时介绍了应用渐变工具、【渐变】面板与网格工具（渐变网格）给对象进行渐变填充的技巧。最后介绍了使用混合工具对两个或多个对象创建混合的方法。

5.9 习题

一、填空题

1. 在 Illustrator 中有_____、_____、_____、毛刷和_____5 种画笔类型。

2. 可以从任何 Illustrator 图形对象创建符号，包含____、____、_____、_____、网格对象以及对象群组。

3. 可以在两个开放路径、_____、_____或其他混合之间产生混合。

4. 在路径上出现锚点的数量取决于路径的_____和_____，以及【画笔工具选项】对话框中的_____。

二、选择题

1. 如果要使经常使用的符号库或自定的符号库，在开启 Illustrator 程序时自动开启的程序窗口中，需要在符号库的弹出式菜单中执行以下哪个命令？　　　　　　　　（　）

A. 保持　　　　　B. 复制符号　　　　　C. 替换符号　　　　　D. 新建符号

2. 可以使用以下哪个命令，将画笔描边转换为外框路径？　　　　　　　　　　　（　）

A. 扩展　　　　　B. 创建轮廓　　　　　C. 混合　　　　　D. 扩展外观

第 6 章　文本处理

教学提要

本章介绍使用 Illustrator 对文本进行处理的方法与技巧，包括更改文本的尺寸、形状和比例，将文本精确地排入任何形状的对象以及将文本沿不同形状的路径横向或纵向排列，使用颜色和图案绘制文本，将文本建立为轮廓等。熟练掌握应用文字进行排版、制作艺术字体和文字处理等方法。

教学重点

➢ 使用文字工具
➢ 字符格式化
➢ 段落格式化
➢ 创建路径与区域文字
➢ 创建轮廓
➢ 编辑与修改文字

6.1　使用文字工具

使用文字工具可以创建横向的点文字和段落文字，还可以使用文字工具编辑文字。

（1）创建点文字

　创建点文字

1　从工具箱中选择 **T** 文字工具，在画面中单击。

2　在画面中出现一闪一闪的光标后，就可以输入所需的文字，如"Illustraotor"，如图 6-1 所示，按住【Ctrl】键单击绘图区的任何一个地方，都可以确认文字输入。也可以在工具箱中单击其他工具确认文字输入。

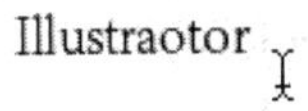

Illustraotor

图 6-1　输入文字

(TIPS) 如果要对文字进行编辑，则需要选择格式化的文字或段落，然后可以在【文字】菜单、【字符】面板，或者【段落】面板中设置它的字体、字体大小、字符缩放、字符间距、行距、文本对齐和缩进等。

（2）修改文字

　修改文字

1　选择输入的文字，并将指针指向需要修改的文字"a"，在文字上的指针成 I 状时单击，如图 6-2 所示，即可出现一闪一闪的光标，按 Delete 键即可将"a"后面的"o"字母删

除，如图 6-3 所示。

    2 在键盘上按向右键将光标移至"r"文字的后面，再在键盘上按空格键一次后输入"CS6"，如图 6-4 所示，如果在工具箱中选择直接选择工具，同样可以确认文字输入并且文字还处于选择状态，如图 6-5 所示，这样以便于设定字符的格式。

Illustra|tor

图 6-2   指向文字时状态

Illustra|tor

图 6-3   单击显示光标时的状态

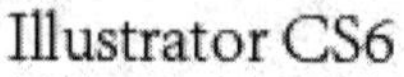

Illustrator CS6

图 6-4   删除文字后的效果

Illustrator CS6

图 6-5   确认文字后的结果

 如果某个文字输入错了，可以将指针移到要清除的文字后，单击出现光标，再在键盘上按退格键（←），按一下可取消（清除）一个文字（或字母），按两下则可清除两个文字。也可以将指针移到要清除的文字前，单击出现光标，然后按【Delete】键删除，同样是每按一次删除一个文字。

（3）添加文字效果

    在 Illustrator CS6 中，可以为文字添加多种效果，如阴影、内发光、外发光等。

上机实战   **添加文字效果**

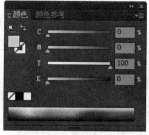

图 6-6 【颜色】面板

    1 使用矩形工具在画面中绘制一个矩形，再在【颜色】面板中设置填色为黄色，如图 6-6 所示，即可将矩形填充为黄色，在菜单中执行【对象】→【排列】→【置于底层】命令将矩形置于底层，画面效果如图 6-7 所示。

    2 按【Ctrl】键在画面中单击文字，以选择文字，在菜单中执行【效果】→【风格化】→【投影】命令，弹出【投影】对话框，在其中勾选【预览】选项，以便随时预览设置值的效果，接着设定【模式】为变暗，【不透明度】为 90%，【X 位移】为 1mm，【Y 位移】为 1mm，【模糊】为 1mm，如图 6-8 所示，单击【确定】按钮，即可得到如图 6-9 所示的效果。

图 6-7 执行【置于底层】命令后的效果

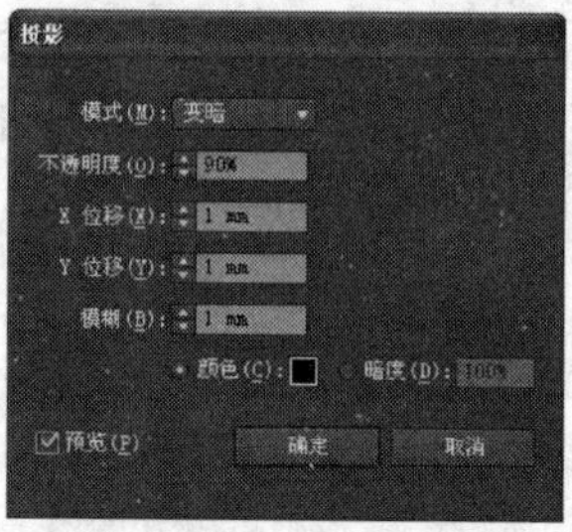

图 6-8 【投影】对话框

图 6-9 添加投影后效果

（4）创建段落文本

上机实战   **创建段落文本**

    1 从工具箱中选择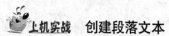文字工具，在画面中拖出一个文本框，如图 6-10 所示。

2 采用默认值直接在键盘上输入所需的文字，如果在需要另起一段时，可以按【Enter】键，如图 6-11 所示，在完成输入后，可以按【Ctrl】键在空白处单击，以确认文字输入并取消文字的选择，段落文字就创建好了。

图 6-10　拖出文本框　　　　　　　　　　图 6-11　输入文字

6.2　字符格式化

在 Illustrator 中，可以精确控制各种字符属性，包含字体、字体大小、行距、特殊字距、字距微调、基线微调、水平与垂直缩放、间距，以及字母方向。可以在输入新文字前设定属性，或通过重设改变现有的文字外观，也可以一次为数个所选的文字对象设定属性。

6.2.1　选择文字

如果要对文字进行编辑与设定字符属性，就需要选择文字。在 Illustrator 中，可以选择一个文字、多个文字、多段文字或者整篇文章。

1. 选择单个文字或多个文字

以如图 6-11 所示为例，如果在文本框中要选择"茶籽饼/茶籽粉"这几个标题文字，可以在工具箱中选择文字工具，在"粉"的后面按下左键向左拖至"茶"的前面，将它们全部选择成反白显示，即可将它们选择，如图 6-12 所示。

图 6-12　选择文字

选择单个文字的方法与此相同。

2. 选择一段文字

方法 1　可以使用选择多个文字的方法选择一段文字，即从段前按下左键向段尾拖动。

方法 2　如果要选择整段，可以在段中连续击三次左键，即可将整段选择。

3. 选择整篇文章

可以使用文字工具在要选择的文字上单击，将该篇文章处理为当前可编辑状态，然后按【Ctrl＋A】键即可选择整篇文章。

6.2.2　设置字体与字体大小

字体是许多字符的组合（文字、数字和符号），这些字符会使用相同的粗细、宽度和样式。在选取某一个字体时，可以独立选取其字体系列以及字体样式。字体系列是可以在整体字体设计中共享的字体集合，如 Times 字体。字体样式是指个别字体在字体系列中的变化，如一般、粗体或斜体。各种字体可以使用的字体样式各有不同。

在 Illustrator 中，可以使用【字符】面板或【文字】菜单选取字体。如果要改变字体大小，可以使用【字符】面板或在【文字】菜单选择【字体大小】命令，在其中可以指定字体大小为 0.1～1296 点，默认值为 12 点，增量为 0.001 点。

上机实战 设置字体与字体大小

1 在控制栏中单击 ▦（居中对齐）按钮，将文字居中对齐，然后在控制栏中单击【字符】链接文字，显示【字符】面板，在其中设置【字体】为文鼎 CS 大黑，【字体大小】为 18pt，如图 6-13 所示，即可将标题文字放大并改变字体，画面效果如图 6-14 所示。

图 6-13　设置字符格式

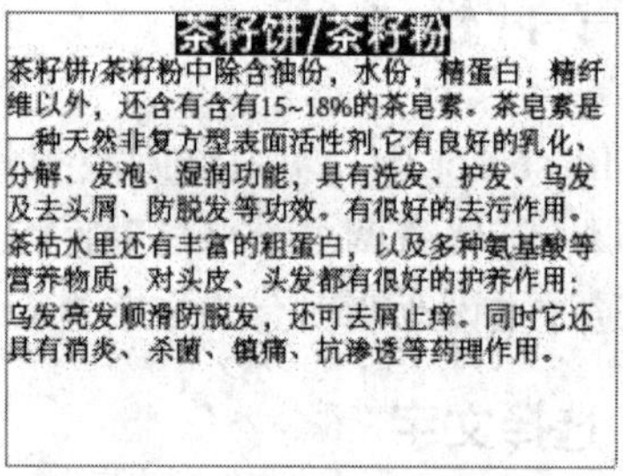

图 6-14　设置字符格式后的效果

2 在第 2 段中连续单击三次左键，将整段选择，如图 6-15 所示，在【字符】面板中设置【字体大小】为 14pt，将选择的文字放大，此时文本框就有些小了，所以显示了一个红色的中小田字框，如图 6-16 所示。

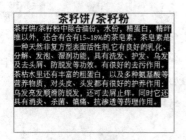

图 6-15　选择文字

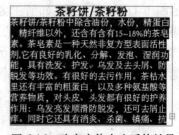

图 6-16　改变字体大小后的效果

3 在工具箱中选择 ▶ 选择工具，移动指针到右下角控制柄上，当指针呈双向箭头状时，如图 6-17 所示，按下左键向右下方拖动，将文本框放大，如图 6-18 所示。

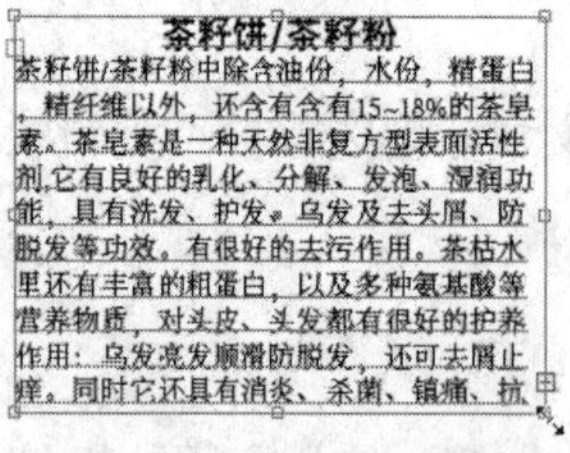

图 6-17　拖大文本框

图 6-18　将文本框放大后的结果

6.2.3　设置字符间距与行距

可以在【字符】面板中设定文字与文字之间的间距。

 上机实战　设置字符间距与行距

1　在工具箱中选择文字工具，并在正文中单击三次，选择这段文字，如图 6-19 所示，在【字符】面板的【设置所选字符的字距调整】下拉列表中选择 100，如图 6-20 所示，将字与字之间的字距调为 100，效果如图 6-21 所示。

图 6-19　选择文字　　　　图 6-20　设置所选字符的字距　　　　图 6-21　调整字距后的效果

2　在【字符】面板的【设置行距】下拉列表中选择 21pt，即可将行与行之间的字距调为 21pt，如图 6-22 所示，调整行间距后的画面效果如图 6-23 所示。

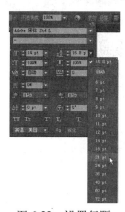

图 6-22　设置行距　　　　　　　图 6-23　设置行距后的效果

在【字符】面板中可以将文字进行水平或垂直缩放，在文字间插入空格，设置文字间的比例间距等。

6.2.4　设置文本颜色

在工具箱或【颜色】面板或【色板】面板中，可以设定所需的填充或笔触颜色。

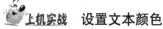 **上机实战　设置文本颜色**

1　显示【色板】面板，在其中单击 CMYK 青，如图 6-24 所示，即可将文字的颜色改为

青色，选择时的状态如图 6-25 所示。

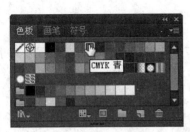

色板 画笔 符号
CMYK 青

图 6-24 【色板】面板

茶籽饼/茶籽粉
茶籽饼/茶籽粉中除含油份，水份，精蛋白，
精纤维以外，还含有含有15~18%的茶皂素。
茶皂素是一种天然非复方型表面活性剂,它有
良好的乳化、分解、发泡、湿润功能，具有
洗发、护发、乌发及去头屑、防脱发等功效
。有很好的去污作用。茶枯水里还有丰富的
粗蛋白，以及多种氨基酸等营养物质，对头
皮、头发都有很好的护养作用：乌发亮发顺
滑防脱发，还可去屑止痒。同时它还具有消
炎、杀菌、镇痛、抗渗透等药理作用。

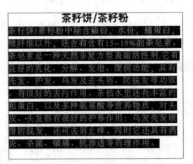

图 6-25 设置颜色后的效果

2 选择标题文字，在【颜色】面板中使填色为当前颜色设置，设置填色为白色，再单击描边图标使它为当前颜色设置。

3 在 CMYK 光谱上单击红色，如图 6-26 所示，显示【描边】面板，在其中的【宽度】下拉列表中选择 0.5pt，如图 6-27 所示，画面效果如图 6-28 所示。

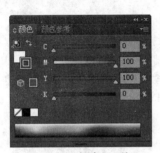

颜色 颜色参考
C 0 %
M 100 %
Y 100 %
K 0 %

图 6-26 【颜色】面板

描边 渐变 透明度
粗细 0.5 pt
端点
边角
对齐描边
虚线
0.25 pt
0.5 pt
0.75 pt
1 pt
2 pt
3 pt
4 pt
5 pt
6 pt
7 pt

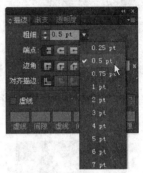

图 6-27 设置描边粗细

4 按住【Ctrl】键在画面的空白处单击确认文字更改，即可得到如图 6-28 所示的效果。

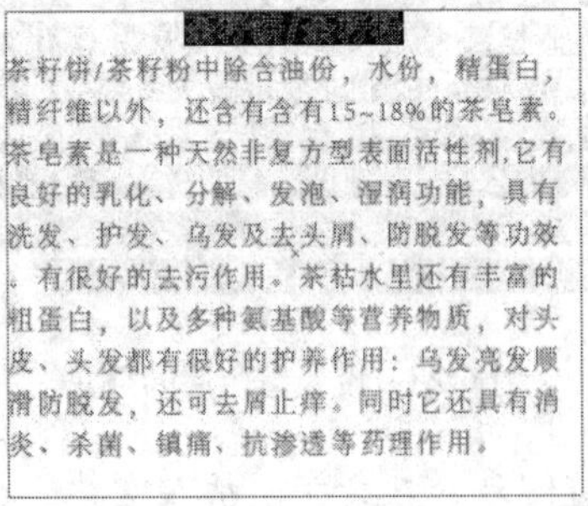

茶籽饼/茶籽粉
茶籽饼/茶籽粉中除含油份，水份，精蛋白，
精纤维以外，还含有含有15~18%的茶皂素。
茶皂素是一种天然非复方型表面活性剂,它有
良好的乳化、分解、发泡、湿润功能，具有
洗发、护发、乌发及去头屑、防脱发等功效
。有很好的去污作用。茶枯水里还有丰富的
粗蛋白，以及多种氨基酸等营养物质，对头
皮、头发都有很好的护养作用：乌发亮发顺
滑防脱发，还可去屑止痒。同时它还具有消
炎、杀菌、镇痛、抗渗透等药理作用。

图 6-28 改变颜色与描边粗细后的效果

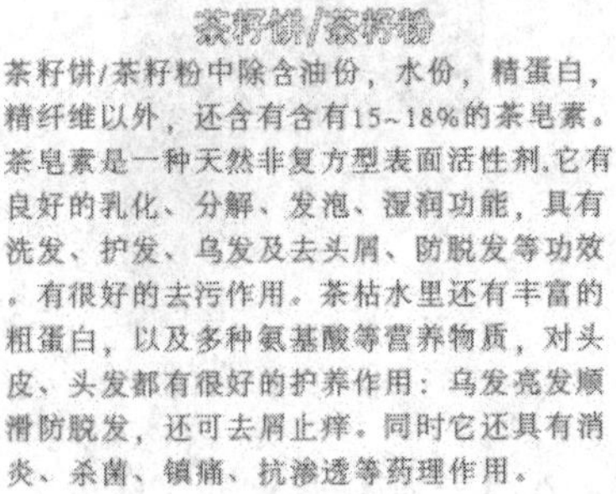

茶籽饼/茶籽粉
茶籽饼/茶籽粉中除含油份，水份，精蛋白，
精纤维以外，还含有含有15~18%的茶皂素。
茶皂素是一种天然非复方型表面活性剂,它有
良好的乳化、分解、发泡、湿润功能，具有
洗发、护发、乌发及去头屑、防脱发等功效
。有很好的去污作用。茶枯水里还有丰富的
粗蛋白，以及多种氨基酸等营养物质，对头
皮、头发都有很好的护养作用：乌发亮发顺
滑防脱发，还可去屑止痒。同时它还具有消
炎、杀菌、镇痛、抗渗透等药理作用。

图 6-29 取消选择后的效果

6.3 段落格式化

在 Illustrator 中包含许多针对大范围文字（如以直栏编排的文字）设计的功能。可以设定段落排列与文字对齐方式、改变段落间距、设定定位点记号，以及设定文字刚好填满特定宽度。甚至可以使用连字功能，指定段落中单字的断字位置。

在应用段落格式时，并不需要选取整个段落，只需要选取该段中的任一个单字或字符，或在段落中放置插入点即可。

上机实战　设置段落格式

（1）设置首行缩进

1　输入一个段落文本，然后在标题文字的下方正文中单击选择正文，使该段为当前段。

2　在菜单中执行【窗口】→【文字】→【段落】命令，或在控制栏中单击【段落】链接文字，显示【段落】面板，如图 6-30 所示。

3　在【首行左缩进】的文本框中输入 24pt 并按【Enter】键，即可将该段的第一行文字向右缩进 24pt，如图 6-31 所示。

图 6-30　【段落】面板　　　　　　图 6-31　设置首行左缩进

（2）设置段前间距

4　在【段落】面板中设定【段前间隔】为 12pt 并按【Enter】 键，如图 6-32 所示，即可在所选段的前面空出 12pt 的距离，如图 6-33 所示。

图 6-32　【段落】面板　　　　　　图 6-33　设置段前间距

6.4　垂直文字工具

使用垂直文字工具可以创建竖排文本。它的使用方法和步骤与文字工具相同。

不管是使用垂直文字工具，还是用文字工具创建的文字，都可以改变文字的方向。在输入文字时，可以按【Shift】键临时使用文字工具或垂直文字工具。

上机实战　使用垂直文字工具输入竖排文本

1　从工具箱中选择 T 垂直文字工具，在画面中单击，出现光标后在键盘上输入所需的

文字"恭贺新禧",选择文字后在【字符】面板中设置【字体】为文鼎 CS 大黑,【字体大小】为 80pt,【水平比例】为 150,【设置所选字符的字距调整】为 200,如图 6-34 所示,画面中选择文字时的效果如图 6-35 所示。

图 6-34 【字符】面板 　　　　　　　　　　　　图 6-35 设置字符格式后的效果

2 在【字符】面板中设定【字符旋转】为 10°,如图 6-36 所示,然后在【颜色】面板中设定填色为黄色,描边为红色,如图 6-37 所示,按住【Ctrl】键在文字上单击确认文字输入,即可得到如图 6-38 所示的旋转竖排文本。

图 6-36 【字符】面板 　　　图 6-37 设置颜色后的效果 　　　图 6-38 旋转竖排文本

3 在【描边】面板中设置【粗细】为 1.5pt,如图 6-39 所示,加粗描边的宽度,画面效果如图 6-40 所示。

图 6-39 【描边】面板 　　　　　　　　　　　图 6-40 设置了描边后的效果

4 在菜单中执行【效果】→【风格化】→【外发光】命令,弹出【外发光】对话框,设定【模式】为滤色,颜色为红色,【不透明度】为 45%,【模糊】为 2mm,如图 6-41 所示,单击【确定】按钮,按【Ctrl】键在画面的空白处单击,取消选择,即可得到如图 6-42 所示的效果。

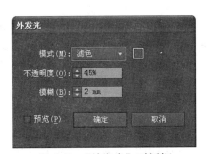

图 6-41 【外发光】对话框 　　　　　　　图 6-42 添加外发光后的效果

6.5 创建区域文字

使用区域文字工具或垂直区域文字工具，可以在一个现有的形状内输入所需的横排或竖排文本。

6.5.1 区域文字工具

上机实战 使用区域文字工具输入文本

1 从工具箱中选择 ✎ 钢笔工具，在画面中绘制一个心形，如图 6-43 所示。

2 从工具箱中选择 **T** 区域文字工具，移动指针到形状路径上，当指针成 ⚓ 状时单击，如图 6-44 左所示，在形状内将出现一闪一闪的光标，如图 6-44 右所示，然后在其中输入所需的文字，如图 6-45 所示。

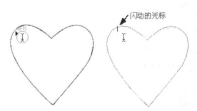

图 6-43 用钢笔工具绘制的图形 　图 6-44 用区域文字工具指向图形路径并单击 　图 6-45 输入文字

3 按【Ctrl＋A】键选择输入的文字，在【字符】面板中设置【字体】为新宋体，【字体大小】为 11pt，【旋转角度】为 0°，【水平缩放】为 100%，其他不变，如图 6-46 所示，即可将文字的格式进行修改，画面效果如图 6-47 所示。

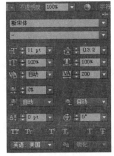

图 6-46 【字符】面板 　　　　　　图 6-47 选择文字并设置字符格式后的效果

6.5.2 文本对齐

区域文字和路径上的文字都可以与文字路径的一边或两边对齐。当文字与两边对齐时，称为齐行。可以选择段落中除最后一行之外的所有文字齐行，也可以使段落中包含最后一行的所有文字齐行。

上机实战　文本对齐

（1）居中对齐

1 在"龙年祝福"文字的"龙"字前单击，显示一闪一闪的光标，如图 6-48 所示，再按【Enter】键将其排放到心形图形的适当位置，如图 6-49 所示，接着在控制栏中单击█（居中对齐）按钮，可以将文字居中对齐于心形路径的水平中间位置，如图 6-50 所示。

图 6-48　选择文字　　　　图 6-49　回车改变位置　　　　图 6-50　居中对齐后的效果

（2）齐行

2 在【段落】面板中单击█（全部两端对齐）按钮，如图 6-51 所示，即可将文字与两边路径进行对齐，如图 6-52 所示。

图 6-51　【段落】面板　　　　　　　　　图 6-52　对齐后的效果

3 按【Ctrl】键在画面的空白处单击，取消选择，路径便看不见了，如图 6-53 所示，如果要显示路径，可以在工具箱中选择█直接选择工具，并指向路径单击选择它，如图 6-54 所示。

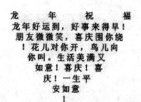

图 6-53　取消选择后的效果　　　　　　　图 6-54　选择路径时的状态

4 显示【颜色】面板，在其中设置描边颜色为红色，如图 6-55 所示，即可将选择的路径设置为红色，如图 6-56 所示。

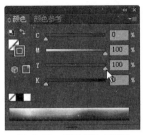

图 6-55 【颜色】面板

图 6-56 改变描边颜色后的效果

5 显示【描边】面板，在其中设置【粗细】为 5pt，如图 6-57 所示，将路径加粗，画面效果如图 6-58 所示。

图 6-57 【描边】面板

图 6-58 改变描边粗细后的效果

  使用垂直区域文字工具可以在一个现有的形状内输入所需的竖排文本。它的使用方法与区域文字工具一样，在此不再重述。

6.6 创建路径文字

使用路径文字工具或垂直路径文字工具可以将路径转变为文字路径，使用户可以在路径上输入并编辑文字，或者使文字沿着路径进行排放。

路径上的文字可以沿着开放或封闭的路径进行排放，路径的形状可以是规则或不规则的。在路径上输入水平文字时，字符的走向会与基线平行。在路径上输入垂直文字时，字符的走向会与基线垂直。

6.6.1 在开放式路径上创建文字

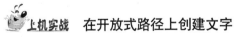 **在开放式路径上创建文字**

1 从工具箱中选择 钢笔工具，在画面中绘制一条开放式路径，如图 6-59 所示。

2 从工具箱中选择 路径文字工具，移动指针到路径上，当指针呈 状时单击，显示一闪一闪的光标后，在键盘上键入所需的文字，如"一帆风顺，二龙腾飞，三阳开泰，四季平安，五福临门，六六大顺，七星高照，八方来财，九九同心，十全十美"，输入完成所有的文字后，在路径的末尾显示一个红色 田字图标，如图 6-60 所示，这表示文字没有完全显示完。

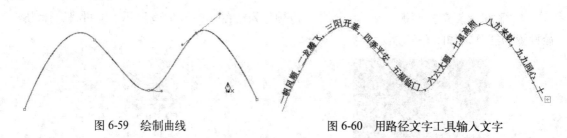

图 6-59　绘制曲线　　　　　　　　　图 6-60　用路径文字工具输入文字

　　3　在【字符】面板中设定【字体大小】为 11pt，如图 6-61 所示，按【Ctrl】键在空白处单击取消选择，即可得到如图 6-62 所示的文字。

图 6-61　选择文字　　　　　　　　　图 6-62　改变字体大小后的效果

6.6.2　在封闭式路径上创建文字

上机实战　**在封闭式路径上创建文字**

　　1　从工具箱中选择椭圆工具，在画面中绘制一个椭圆，如图 6-63 所示。

　　2　从工具箱中选择 直排路径文字工具，在路径上单击，出现光标后在键盘上输入所需的文字，如："一帆风顺，二龙腾飞，三阳开泰，四季平安，五福临门，六六大顺，七星高照，八方来财，九九同心，十全十美"，如图 6-64 所示。

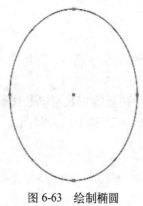

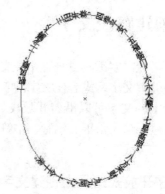

图 6-63　绘制椭圆　　　　　　　　　图 6-64　用直排路径文字工具输入文字

6.6.3　编辑路径文字

上机实战　**编辑路径文字**

　　1　以如图 6-64 所示的路径文字为例。按【Ctrl＋A】键全选文字，在【字符】面板中设置【字体】为文鼎 CS 大黑，【字体大小】为 12pt，如图 6-65 所示，在工具箱中单击 选择工具，确认文字输入，结果如图 6-66 所示。

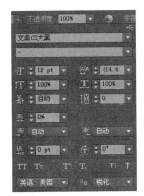

图 6-65　【字符】面板

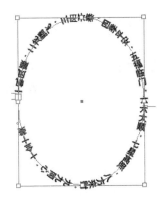

图 6-66　改变字符格式后的效果

2　在工具箱中双击 直排路径文字工具，弹出【路径文字选项】对话框，在其中勾选【翻转】与【预览】选项，设定【效果】为彩虹效果，【对齐路径】为字母上缘，其他不变，如图 6-67 所示，单击【确定】按钮，即可得到如图 6-68 所示的效果。

图 6-67　【路径文字选项】对话框

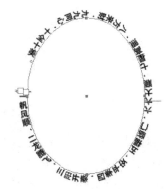

图 6-68　设置路径文字选项后的效果

3　使用直接选择工具在画面中选择椭圆路径，如图 6-69 所示，在【颜色】面板中设置描边颜色为红色，如图 6-70 所示，按【Ctrl】键在空白处单击取消选择，即可得到如图 6-71 所示的效果。

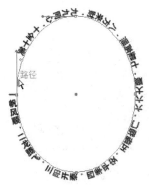

图 6-69　选择椭圆路径

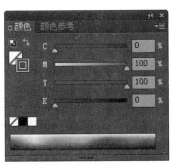

图 6-70　【颜色】面板

图 6-71　改变描边颜色后的效果

可以对路径形状进行编辑。

6.7 查找和替换

使用【查找】命令可以查找并取代路径上和文字容器中的文字字符串，但保留上面的文字样式、色彩、特殊字距以及其他的文字属性。

上机实战　查找与替换文字

1 按【Ctrl＋O】键从配套光盘的素材库中打开需要检查的文档，如图 6-72 所示。

2 在菜单中执行【编辑】→【查找和替换】命令，弹出【查找和替换】对话框，在【查找】文本框中输入文字"敌"，在【替换为】文本框中输入为替换的文字"啼"，单击【查找】按钮，即可在文件中查找到"敌"字，如图 6-73 所示，单击【替换】按钮，将"敌"字改为"啼"字，如图 6-74 所示。

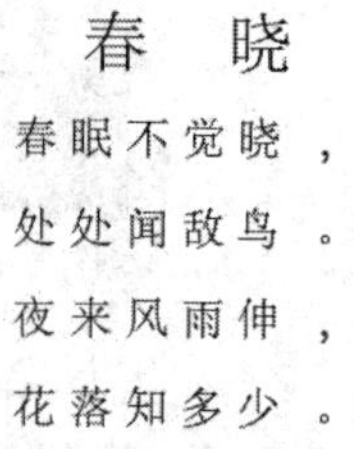

春　晓

春 眠 不 觉 晓 ，

处 处 闻 敌 鸟 。

夜 来 风 雨 伸 ，

花 落 知 多 少 。

图 6-72　打开的文档

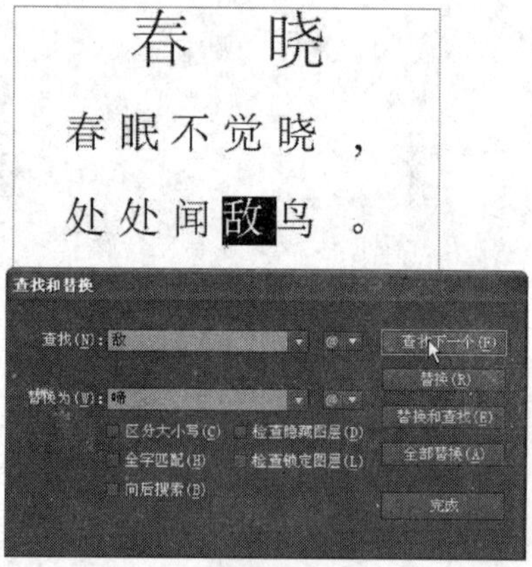

图 6-73 在【查找和替换】对话框中输入要查找与替换的文字

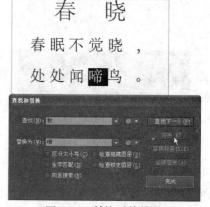

图 6-74　替换后的效果

3 在【查找和替换】对话框的【查找】文本框中输入"伸"字，在【替换为】文本框中输入"声"字，单击【查找下一个】按钮查找到这个文字，如图 6-75 所示，单击【替换】按钮，即可将"伸"字替换为"声"字，如图 6-76 所示，最后单击【完成】按钮。

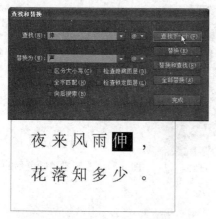

图 6-75　输入要查找与替换的文字

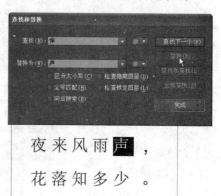

图 6-76　替换后的效果

【查找和替换】对话框中各选项说明如下：

- 【区分大小写】：如果勾选该选项，只会查找大小写与"查找"字段完全符合的文字字符串。
- 【全字匹配】：如果勾选该选项，只会查找与"查找"文本框中整个单字完全符合的完整词。
- 【向后搜索】：如果勾选该选项，则会从堆叠顺序的最下方到最上方查找档案。
- 【检查隐藏图层】：如果勾选该选项，则会查找在隐藏图层中的文字。当取消选取此选项时，Illustrator 会忽略隐藏图层中的文字。
- 【检查锁定图层】：如果勾选该选项，则会查找在锁定图层中的文字。当取消选取此选项时，Illustrator 会忽略锁定图层中的文字。

6.8　更改大小写

使用【更改大小写】命令可以改变选取字符的大小写设定。

上机实战　使用更改大小写命令改变字符大小写

1　从配套光盘的素材库中打开要检查的文档，发现其中有一些字母没有大写。选择文字工具，在文档中选择要改为大写的文字，如图 6-77 所示，然后在菜单中执行【文字】→【更改大小写】→【大写】命令，即可将选择文字改为大写，如图 6-78 所示。

2　在文本框中选择其他要更改的字母，在菜单中执行【文字】→【更改大小写】→【大写】命令，可以将选择的文字中改为大写，如图 6-79 所示。

图 6-77　选择文字　　　图 6-78　改成大写后的效果　　　图 6-79　改成大写后的效果

如果要将选择的文字为小写，可以在菜单中执行【文字】→【更改大小写】→【小写】命令。

6.9　创建轮廓

在 Illustrator 中，可以将字型当作图形对象来修改。但是必须先使用【创建轮廓】命令将文字转变成一组复合路径，才能像编辑其他图形对象一样编辑和处理这些路径。

在将文字转换成轮廓时，这些文字会失去它们的文本属性，即只能在最佳形态显示或打印，如果将其放大，则会出现不清晰的轮廓。如果需要在事后要再缩放这些文字，可以在将其转换为轮廓之前，先将文字调整到所需的大小。

在一个选取范围内，必须一次性将所有文字转成轮廓，而不能只转换一个字符串中的单一字母。如果只要将单一字母转换成轮廓，可以先建立只包含此单一字母的字符串再做转换。

下面以制作一个文字效果为例讲解创建轮廓的作用，实例效果如图 6-80 所示。

图 6-80　实例效果图

上机实战　使用创建轮廓命令制作文字效果

1　按【Ctrl + N】键新建一个文档，显示【字符】面板，在其中设置【字体】为文鼎 CS 大黑，【字体大小】为 143pt，其他为默认值，如图 6-81 所示，然后在图像窗口中单击并输入所需的文字，如图 6-82 所示。

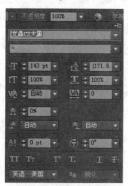

图 6-81　【字符】面板

图 6-82　输入的文字

2　在工具箱中选择 ▶ 选择工具，并在文字上右击，在弹出的快捷菜单中执行【创建轮廓】命令，如图 6-83 所示，即可将文字转换为轮廓，画面效果如图 6-84 所示。

图 6-83　选择【创建轮廓】命令

图 6-84　转换为轮廓后的效果

3　显示【渐变】面板，在其中设置所需的渐变颜色，如图 6-85 所示，即可得到如图 6-86 所示的效果。

色标 1、3、5、7 的颜色为白色；色标 2、4、6 的颜色为 "C：85、M：50、Y：0、K：0"。

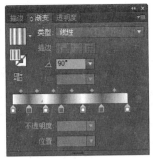

图 6-85 【渐变】面板

图 6-86 填充渐变颜色后的效果

4 在【对象】菜单中执行【路径】→【偏移路径】命令，弹出【偏移路径】对话框，在其中设置【位移】为 2mm，【连接】为斜接，【斜接限制】为 4，如图 6-87 所示，单击【确定】按钮，即可得到如图 6-88 所示的效果。

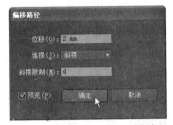

图 6-87 【偏移路径】对话框

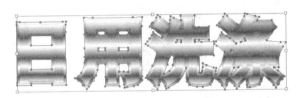

图 6-88 偏移路径后的效果

5 在文字上右击，在弹出的快捷菜单中执行【取消编组】命令，如图 6-89 所示。

6 在画面的空白处单击取消选择，按【Shift】键在画面中单击要选择的对象，如图 6-90所示。

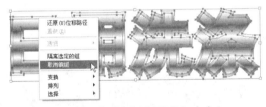

图 6-89 执行【取消编组】命令

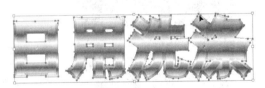

图 6-90 选择对象

7 显示【渐变】面板，在其中设置所需的渐变颜色，如图 6-91 所示，从而得到如图 6-92所示的效果。

图 6-91 【渐变】面板

图 6-92 改变渐变颜色后的效果

左边的色标颜色为白色；右边的色标颜色为"C：60、 M：90、 Y：0、 K：0"。

8 在画面的空白处单击取消选择，按【Shift】键在画面中单击要选择的对象，如图 6-93 所示。

9 在【对象】菜单中执行【路径】→【偏移路径】命令，弹出【偏移路径】对话框，在其中设置【位移】为-1mm，【连接】

图 6-93　选择对象

为斜接，【斜接限制】为 4，如图 6-94 所示，单击【确定】按钮，即可得到如图 6-95 所示的效果。

图 6-94　【偏移路径】对话框

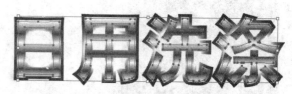

图 6-95　设置路径偏移后的效果

10 显示【渐变】面板，在其中设置所需的渐变颜色，如图 6-96 所示，从而得到如图 6-97 所示的效果。

图 6-96　【渐变】面板

图 6-97　改变渐变颜色后的效果

左边的色标颜色为白色；右边的色标颜色为"C：70、M：15、Y：0、K：0"。

11 在【对象】菜单中执行【路径】→【偏移路径】命令，弹出【偏移路径】对话框，在其中设置【位移】为 0mm，其他不变，如图 6-98 所示，单击【确定】按钮，再复制一个副本用于裁剪。

12 在工具箱中选择钢笔工具，在画面中文字下方绘制一个图形，如图 6-99 所示。

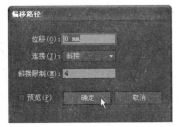

图 6-98　【偏移路径】对话框

图 6-99　用钢笔工具绘制图形

13 在工具箱中选择▶️选择工具，在【路径查找器】面板中单击【裁剪】按钮，如图 6-100 所示，将相交部分以外的区域裁剪掉，画面效果如图 6-101 所示。

图 6-100　【路径查找器】面板

图 6-101　裁剪后的效果

14 在裁剪所得的对象上右击，并在弹出的快捷菜单中执行【取消编组】命令，如图 6-102 所示，将其取消编组。

15 在空白处单击取消选择，再按【Shift】键在画面中单击要选择的对象，以同时选择它们，如图 6-103 所示。

图 6-102　执行【取消编组】命令

图 6-103　选择对象

16 在控制栏中设置所需的填色，如图 6-104 所示，即可将选择的对象用选择的图案颜色进行填充，画面效果如图 6-105 所示。

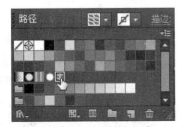

图 6-104　设置填充颜色

图 6-105　填充图案后的效果

17 从配套光盘的素材库中置入一张用于作背景的图片，在图片上右击，并在弹出的快捷菜单中执行【排列】→【置于底层】命令，如图 6-106 所示，即可得到如图 6-107 所示的效果。文字效果就绘制完成了。

图 6-106　改变排放顺序

图 6-107　最终效果图

6.10　变形文字

在 Illustrator 中，可以对文字进行变形，如使文字呈弧形、拱形、凸出、下胀、上胀、旗形、波形、上升、鱼眼、膨胀、挤压或旋涡等形状显示。使用【效果】菜单中的【变形】效果可以扭曲或变形对象，包括路径、文字、网格、渐变和点阵图。

上机实战　将文字变形

1　新建一个文档，使用文字工具在画面中输入文字"和谐社会"，按【Ctrl＋A】键选择文字，并在【字符】面板中设置【字体】为文鼎 CS 大黑，【字体大小】为 72pt，选择直接选择工具确认文字输入，同时保持选择，如图 6-108 所示。

2　在菜单中执行【效果】→【变形】→【弧形】命令，弹出【变形选项】对话框，如图 6-109 所示，在其中勾选【预览】选项，可以看到画面中的文字已经发生了变化，如图 6-110 所示。

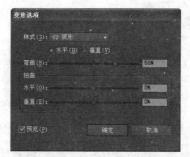

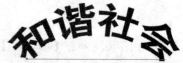

图 6-108　输入的文字　　图 6-109　【变形选项】对话框　　图 6-110　变形后的文字

【变形选项】对话框中各选项说明如下：

- 【水平】/【垂直】：指定弯曲选项所影响的轴。
- 【弯曲】：拖动滑块可指定对象的弯曲量。
- 【扭曲】：可以指定对象【水平】和【垂直】扭曲量。

3　在【变形选项】对话框的【类型】下拉列表中依次选择各种类型进行预览，并查看其效果，如图 6-111 所示，这里选择凸出，设置【弯曲】为 27%，【水平】为-18%，如图 6-112 所示，单击【确定】按钮，即可得到如图 6-113 所示的效果。

图 6-111　【变形选项】对话框

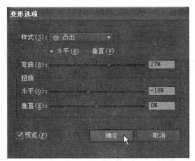

图 6-112　【变形选项】对话框

图 6-113　变形后的效果

6.11　本章小结

本章首先介绍了使用文字工具创建点文字和段落文本的方法，接着对文字进行字符格式化、段落格式化和效果处理，然后介绍了使用用区域文字工具与路径文字工具创建区域文字和路径文字的方法。最后介绍了将文字创建成轮廓，并对文字轮廓进行编辑，改变文字形状的技巧。掌握这些功能对文字处理、编辑、排版与设计起着举足轻重的作用。

6.12　习题

一、填空题

1. 可以对文字进行变形，如使文字呈____、下弧形、_____、_____、凸出、_____、_____、旗形、_____、_____、_____、鱼眼、膨胀、_____或扭转等形状显示。

2. _____和_____都可与文字路径的一边或两边对齐。

3. 使用_____或_____可以在一个现有的形状内输入所需的横排或竖排文本。

4. Illustrator 可以精确控制各种字符属性；包含_____、_____、_____、特殊字距、_____、_____、水平与垂直缩放、_____，以及字母方向。用户可在输入新文字前就设定属性，或重设以改变现有的文字外观。也可一次为数个所选的文字对象设定属性。

二、选择题

1. 使用以下哪个工具可以在一个现有的形状内输入所需的竖排文本？　　　　　（　　）

　　A. 路径文字工具　　　　　　　　　　B. 文字工具

　　C. 直排区域文字工具　　　　　　　　D. 直排文字工具

2. 以下哪个命令可以改变选取字符的大小写设定？　　　　　　　　　　　　　（　　）

　　A. 大小写　　　　B. 更改大小写　　　　C. 更改小写　　　　D. 更改大写

第 7 章　编辑与管理图形

教学提要

本章主要介绍各种编辑图形工具和编辑命令的操作与应用以及通过排列、对齐与分布、图层、群组等命令管理图形的方法。

教学重点

- ➤ 编辑图形工具
- ➤ 剪切、复制和粘贴对象
- ➤ 改变排列顺序
- ➤ 创建群组与取消群组
- ➤ 路径查找器图形
- ➤ 对齐与分布
- ➤ 图层

7.1　编辑图形工具

7.1.1　旋转工具

使用旋转工具可以将所选的对象进行旋转，或者旋转对象的填充图案，在旋转的同时还可以复制原对象。

1. 旋转对象

上机实战　使用旋转工具旋转对象

1　按【Ctrl＋N】键新建一个文档，再按【Ctrl＋R】键显示标尺栏，从标尺栏中拖动两条参考线，相交于画面中指定的点，如图 7-1 所示。

2　在工具箱选择 ◯ 椭圆工具，移动指针到参考线的交叉点上按下【Alt＋Shift】键，当指针呈 ✛ 状时，如图 7-2 所示，向外拖出一个圆形，如图 7-3 所示。

3　移动指针到圆形上方的锚点上按下【Alt＋Shift】键，当指针呈 ✛ 状时向外拖出一个小圆，如图 7-4 所示。

4　从工具箱中选择 ◯ 旋转工具，小圆的中心便会显示一个中心柄，将这个中心柄拖动到大圆的中心点上，如图

图 7-1　拖出参考线

7-5 所示。在画面中按下左键进行旋转，如图 7-6 所示，即可将小圆进行旋转，到一定角度后松开左键，小圆也就跟着旋转了一定角度，如图 7-7 所示。

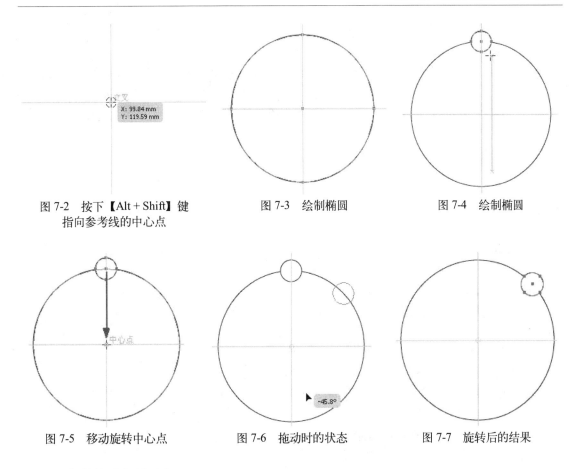

图 7-2　按下【Alt + Shift】键　　图 7-3　绘制椭圆　　　　图 7-4　绘制椭圆
　　　　指向参考线的中心点

图 7-5　移动旋转中心点　　　图 7-6　拖动时的状态　　　图 7-7　旋转后的结果

2. 在旋转时复制对象

上机实战　使用旋转工具在旋转时复制对象

1　以如图 7-7 所示旋转的结果为例。按【Ctrl + Z】键撤销刚才的旋转，在旋转中心点的下方按下左键将小圆进行旋转，旋转到一定角度时按下【Alt】键，当指针成 状时，如图 7-8 所示，再松开左键与【Alt】键，即可将小圆进行旋转并复制，如图 7-9 所示。

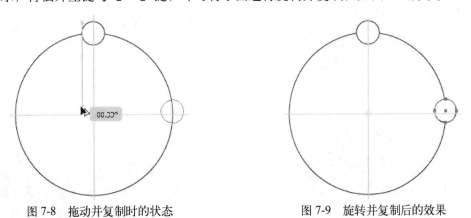

图 7-8　拖动并复制时的状态　　　　　图 7-9　旋转并复制后的效果

2　按【Ctrl + D】键以相同角度再复制了一个小圆，如图 7-10 所示。再按【Ctrl + D】键 1 次，得到如图 7-11 所示的效果。

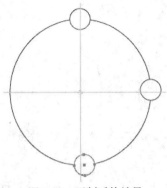

图 7-10　再制后的效果

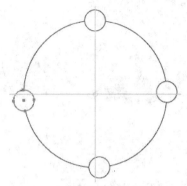

图 7-11　再制后的效果

3. 旋转图案

上机实战　使用旋转工具旋转图案

1　从工具箱中选择■矩形工具，在画面中拖出一个矩形，如图 7-12 所示。

2　在【窗口】菜单中执行【色板库】→【图案】→【装饰】→【装饰旧版】命令，显示【装饰旧版】色板库，并在其中选择如图 7-13 所示的图案，结果如图 7-14 所示。

3　在工具箱中双击■旋转工具，弹出如图 7-15 所示的【旋转】对话框，在其中勾选【变换图案】选项，在【角度】文本框中输入 90，单击【确定】按钮，即可得到如图 7-16 所示的结果。

图 7-12　绘制矩形

图 7-13　【装饰旧版】色板库

图 7-14　填充图案后的效果

图 7-15　【旋转】对话框

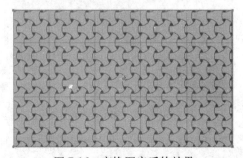

图 7-16　变换图案后的效果

如果需要将图形对象进行旋转，勾选【对象】选项即可。

7.1.2 镜像工具

在实际作图过程中，经常会遇到一些对称的图形，使用镜像工具进行镜像并复制，即可得到对称的图形，使用镜像工具还可以将对象准确地翻转。

上机实战 使用镜像工具绘制对称的图形

1 从工具箱中选择▓矩形网格工具，在画面中适当位置单击，弹出如图 7-17 所示的【矩形网格工具选项】对话框，在其中设置【宽度】为 60mm、【高度】为 60mm，水平分隔线和垂直分隔线的数量分别为 1，其他为默认值，单击【确定】按钮，即可得到如图 7-18 所示的网格。

图 7-17 【矩形网格工具选项】对话框

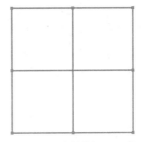

图 7-18 绘制的矩形网格

2 在【窗口】菜单中执行【符号库】→【自然】命令，打开【自然】符号库，在其中选择所需的符号，然后将其拖至网格中，当指针成 状时，如图 7-19 所示，松开左键即可将该符号置入网格中，如图 7-20 所示。

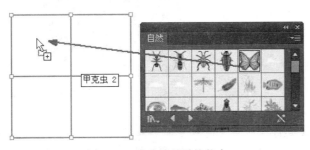

图 7-19 拖动符号时的状态

图 7-20 拖出的符号

3 在工具箱中单击▓镜像工具，将镜像点移至网格的中点处，如图 7-21 所示，再按下【Alt】键指向镜像点单击，弹出【镜像】对话框，在其中选择【垂直】选项，勾选【变换对象】与【变换图案】选项，如图 7-22 所示，单击【复制】按钮，即可复制一个副本，并以镜像点为镜像轴复制了一个副本，如图 7-23 所示。

图 7-21 移动镜像点

图 7-22 【镜像】对话框

图 7-23 镜像后的效果

4 按下【Alt】键指向镜像点单击，弹出【镜像】对话框，在其中选择【水平】选项，勾选【变换对象】与【变换图案】选项，如图 7-24 所示，单击【复制】按钮，即可复制一个副本，并以镜像点为镜像轴复制了一个副本，如图 7-25 所示。

图 7-24 【镜像】对话框

图 7-25 镜像后的效果

5 按下【Alt】键指向镜像点单击，弹出【镜像】对话框，在其中选择【垂直】选项，勾选【变换对象】与【变换图案】选项，如图 7-26 所示，单击【复制】按钮，即可复制一个副本，并以镜像点为镜像轴复制了一个副本，如图 7-27 所示。

图 7-26 【镜像】对话框

图 7-27 镜像后的效果

可以直接在画面中按下左键进行拖动来镜像对象，如果在拖动时按下【Alt】键，则可以将原对象进行镜像并复制。

7.1.3 比例缩放工具

使用比例缩放工具可以改变图形对象的尺寸（即大小）、形状和方向。它既可以对图形的局部或图形内填充的图案进行缩放，也可以对整个图形进行缩放。

上机实战 **使用比例缩放工具缩放对象**

1 在【符号】面板中拖动所需的符号至画面中，如图 7-28 所示，即可将所选的符号放置到文档中，如图 7-29 所示。

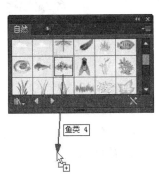

图 7-28 【符号】面板

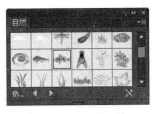

图 7-29 创建的符号

2 在工具箱中双击■比例缩放工具，弹出【比例缩放】对话框，在其中选择【等比】和勾选【按比例缩放描边和效果】选项，再设定【等比】为 150%，其他不变，如图 7-30 所示，单击【确定】按钮，将其放大 1.5 倍，如图 7-31 所示。

图 7-30 【比例缩放】对话框

图 7-31 放大后的效果

7.1.4 倾斜工具

使用倾斜工具可以使选定的对象倾斜，也可以在倾斜的同时进行复制。

上机实战 **使用倾斜工具使对象倾斜**

1 以如图 7-31 所示的图片为例。从工具箱中选择☑倾斜工具，在图形上会出现倾斜中心点，可以将中心点移到所需的地方，如图 7-32 所示；在画面中按下左键进行拖动，拖动到适当的位置时按下【Alt】键，进行复制，如图 7-33 所示，松开左键和键盘，即可得到一个副本并位于上层，如图 7-34 所示。

可以直接在画面中按下左键拖动将对象进行倾斜。

图 7-32　移动倾斜中心点　　　　图 7-33　按【Alt】键拖动时的状态　　　图 7-34　拖动并复制后的效果

　　2　在工具箱中双击倾斜工具，在弹出的【倾斜】对话框中设置【倾斜角度】为-5°，其他不变，如图 7-35 所示，单击【确定】按钮，将副本进行再次倾斜，画面效果如图 7-36 所示。

图 7-35　【倾斜】对话框　　　　　　　　图 7-36　倾斜后的效果

7.1.5　液化变形工具

　　Illustrator 提供了各种液化变形工具，使用这些工具可以改变对象轮廓（路径）。使用液化变形工具可以扭曲对象，只需要使用工具拖动对象即可，该工具会在绘制时增加锚点并调整路径。

　　无法在包含文字、图表或符号的链接档案或对象上使用液化变形工具。

1. 宽度工具

　　使用宽度工具可以将图形轮廓以不同宽度渐变大小加粗描边，让轮廓变成书画效果。

上机实战　使用宽度工具加宽轮廓线条

　　1　按【Ctrl＋O】键从配套光盘的素材库中打开一朵还没有绘制完的荷花，如图 7-37 所示。

　　2　在工具箱中选择宽度工具，按【Ctrl】键在画面中单击要改变宽度的线条，以选择它，如图 7-38 所示。

图 7-37　打开的文档

图 7-38　选择要改变宽度的线条

3　移动指针到这条线条中需要加宽的位置，按下左键进行拖移，如图 7-39 所示，得到所需的宽度后松开左键，即可将这条线条按照渐变大小进行加粗，加粗后的效果如图 7-40 所示。

图 7-39　拖动时的状态

图 7-40　加宽后的效果

4　使用 宽度工具指向另一条需要加宽线条位置，按下左键进行拖移，得到所需的宽度后松开左键，即可将这条线加粗，如图 7-41 所示。

5　使用同样的方法将其他的线条加粗，加粗后的效果如图 7-42 所示。

图 7-41　加宽后的效果

图 7-42　加宽后的效果

2. 变形工具

使用变形工具可以延伸对象，当使用此工具拖动或拉伸对象的某些部分时，拉伸区域就会变薄。变形工具可以将简单的图形变为复杂的图形，它不仅可以对开放式的路径起作用，也可以对封闭式的路径起作用。

上机实战　使用变形工具拉伸对象

1　使用矩形工具在画面中适当位置绘制一个矩形，如图 7-43 所示。

2 在工具箱中双击变形工具,弹出如图 7-44 所示的【变形工具选项】对话框,在其中设定【宽度】为 50mm,【高度】为 20mm,【角度】为 45,其他为默认值,单击【确定】按钮,完成工具设置。

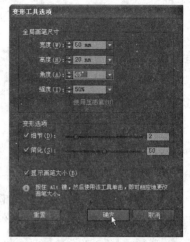

图 7-43　绘制矩形　　　　　　图 7-44　【变形工具选项】对话框

【变形工具选项】对话框中各选项说明如下:

● 【全局画笔尺寸】:在其中可以设定笔刷的宽度、高度、角度和强度。

　➢ 【宽度】/【高度】:用来控制工具光标的大小。

　➢ 【角度】:用来控制工具光标的方向。

　➢ 【强度】:指定改变速度(值越高表示改变速度越快),如果选取【使用压感笔】选项,使用数字板或数字笔的输入,就不会采用【强度】数值。

> 如果没有外接压力笔,【使用压感笔】选项便无法使用。

● 【变形选项】:在其中设定变形的细节和简化程度。

　➢ 【细节】:用来指定导入对象轮廓上各点间的间距,值越高,各点的间距越小。

　➢ 【简化】:用来指定减少多余点的数量,而不致影响形状的整体外观。

3 在矩形上按下左键向下成曲线路径拖动,如图 7-45 所示,得到所需的形状后松开左键,即可将矩形改变为如图 7-46 所示的图形。

4 在变形对象上再次按下左键向左下方成曲线拖动,得到所需的形状后松开左键,即可得到如图 7-47 所示的图形。

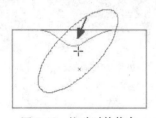　　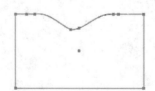　　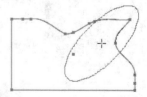

图 7-45　拖动时的状态　　　图 7-46　改变形状后的效果　　　图 7-47　改变形状后的效果

3. 旋转扭曲工具

使用旋转扭曲工具可以创建类似于涡流效果的变形。在工具箱中双击旋转扭曲工具,弹出如图 7-48 所示的对话框,在其中可以设置所需的各选项。

【旋转扭曲工具】对话框中各选项说明如下:

- 【旋转扭曲速率】：指定扭转所套用的比例。可以输入介于-180°～180°之间的数值。负值会以顺时针方向扭转对象，正值则会以逆时针方向扭转。当数值越接近-180°或180°时，对象的扭转速度会越快。如果要缓慢扭转，可以指定一个接近0°的扭转率。

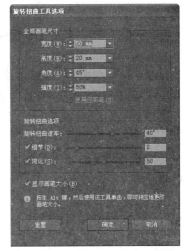

图 7-48　【旋转扭曲工具】对话框

上机实战　使用旋转扭曲工具创建涡流效果

1　以如图 7-47 所示的图片为例。在工具箱中选择旋转扭曲工具。

2　在图形对象上按下左键向右快速拖动，如图 7-49 所示，即可将对象进行扭转变形，变形后的效果如图 7-50 所示。

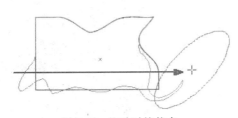

图 7-49　拖动时的状态

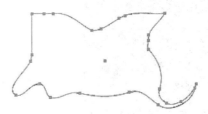

图 7-50　扭转变形后的效果

根据按下左键时间的长短，产生的螺纹也不相同。

4. 缩拢工具

使用缩拢工具可以将图形的控制点移向光标以收缩对象。

上机实战　使用缩拢工具收缩对象

1　以如图 7-47 所示的图片为例。在工具箱中选择缩拢工具。

2　在扭转过图形的右边按下左键向左拖移，并在中间稍稍停留，如图 7-51 所示，松开左键，得到如图 7-52 所示的效果。

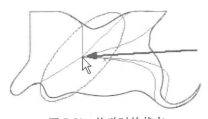

图 7-51　拖动时的状态

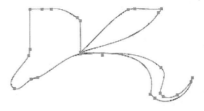

图 7-52　缩拢后的效果

在拖动的位置与方向不同，所变出的图形也会不同，它变形的随机性很强。

5. 膨胀工具

使用膨胀工具可以将图形的控制点移离光标以膨胀对象。

上机实战 使用膨胀工具膨胀对象

1 在工具箱中选择星形工具，在画面中单击，弹出【星形】对话框，在其中设定【半径 1】为 5mm，【半径 2】为 25mm，【角点数】为 25，如图 7-53 所示，单击【确定】按钮，得到如图 7-54 所示的星形。

2 在工具箱中双击 膨胀工具，弹出如图 7-55 所示的对话框，在其中设置【宽度】为 30mm，【高度】为 30mm，【强度】为 50%，其他不变，单击【确定】按钮完成工具设置。

图 7-53 【星形】对话框

图 7-54 绘制好的星形

图 7-55 【膨胀工具选项】对话框

3 在星形的中间位置单击一下，可以看到轮廓线向外扩展，如图 7-56 所示，按【Ctrl + Z】键撤销膨胀，然后从下方按下左键向星形的中心拖移，如图 7-57 所示，得到所需的效果后松开左键，即可得到如图 7-58 所示的效果，按【Ctrl】键在空白处单击取消选择，便可看到变形后的最终效果，如图 7-59 所示。

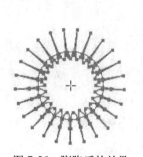

图 7-56 膨胀后的效果

图 7-57 拖动时的状态

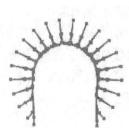

图 7-58 膨胀后的效果

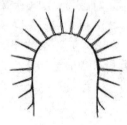

图 7-59 取消选择后的效果

使用膨胀工具在图形上拖动，也可以达到膨胀的效果。

6. 扇贝工具

使用扇贝工具可以在对象的轮廓线上随机新增平滑的弧状细部。

上机实战　**使用扇贝工具增加弧状图形**

　　1　在工具箱中选择 直线段工具，在画面中绘制一条直线段，如图 7-60 所示。

　　2　在工具箱中双击 扇贝工具，弹出【扇贝工具选项】对话框，在其中设置参数，如图 7-61 所示，设置好后单击【确定】按钮。在直线段上按下左键向上拖动，改变直线段的形状，如图 7-62 所示。

图 7-60　绘制直线段　　　　图 7-61　【扇贝工具选项】对话框　　　图 7-62　改变形状后的效果

　　在【扇贝工具选项】对话框中可以设定全局画笔大小、复杂性和细节等选项，其中部分选项说明如下：

●　【复杂性】：用来指定对象外框上特定笔刷结果之间的间隔。

●　【画笔影响锚点】/【画笔影响内切线手柄】/【画笔影响外切线手柄】：勾选这些选项后，可以使用工具画笔改变这些属性。

　　7. 晶格化工具

　　使用晶格化工具可以将图形对象的轮廓线调整为锯齿状（即晶格状）。

上机实战　**使用晶格化工具创建锯齿状图形**

　　1　从工具箱中选择椭圆工具，在画面中绘制一个椭圆，如图 7-63 所示。

　　2　在工具箱中双击 晶格化工具，弹出【晶格化工具选项】对话框，在其中设置【宽度】与【高度】为 20mm，【复杂性】为 1，其他不变，如图 7-64 所示，单击【确定】按钮，在椭圆的右上角按下左键向右上方拖移，如图 7-65 所示，得到所需的效果后，松开左键即可将拖过的地方变为晶状似的形状，如图 7-66 所示。

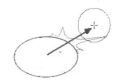

图 7-65　拖动时的状态

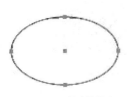

图 7-63　绘制椭圆　　　　图 7-64　【晶格化工具选项】对话框　　　图 7-66　晶格化后的效果

8. 皱褶工具

使用皱褶工具可以在对象的轮廓线上随机新增弧形尖凸状的细部。

上机实战　使用皱褶工具为轮廓线增加弧形尖凸形状

1 按【Ctrl＋O】键打开配套光盘中的图片，如图 7-67 所示，使用矩形工具绘制一个矩形，并框住刚打开的图片，如图 7-68 所示。

图 7-67　打开的文档

图 7-68　绘制矩形

2 按【Shift＋Ctrl＋[】键将绘制的矩形排放到最底层，如图 7-69 所示。

3 在工具箱中双击皱褶工具，弹出【皱褶工具选项】对话框，在其中设定【宽度】与【高度】均为 30mm，【强度】为 50%，【角度】为 45°，【复杂性】为 5，其他不变，如图 7-70 所示，单击【确定】按钮完成设置。

图 7-69　改变排列位置后的效果

图 7-70　【皱褶工具选项】对话框

4 在画面中的矩形轮廓线上按下左键以顺时针方向拖动，如图 7-71 所示，得到所需的形状后松开左键，得到如图 7-72 所示的结果。

图 7-71　拖动时的状态

图 7-72　变形后的效果

5 显示【颜色】面板，并使填色为当前颜色设置，设定填色为"C：0、M：0、Y：23、

K：0"，如图 7-73 所示，即可得到如图 7-74 所示的效果。

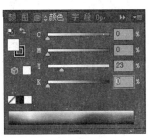

图 7-73 【颜色】面板

图 7-74 填充颜色后效果

6 在【效果】菜单中执行【风格化】→【内发光】命令，弹出【内发光】对话框，在其中设定【模式】为正常，内发光颜色为"#ED7E1B"，其他不变，如图 7-75 所示，单击【确定】按钮，即可得到如图 7-76 所示的效果。

7 按住【Ctrl】键在空白处单击以取消选择，即可得到如图 7-77 所示的效果。

图 7-75 【内发光】对话框

图 7-76 添加内发光后的效果

图 7-77 给图像添加了皱褶边缘效果

7.1.6 自由变换工具

使用自由变换工具可以对同一个对象连续进行移动、旋转、镜像、缩放和倾斜等操作，它的作用几乎与选择工具相同，只是它不能用于选择对象和取消对象的选择。

上机实战 使用自由变换工具调整图形

1 在【窗口】菜单中执行【符号库】→【Web 按钮和条形】命令，打开【Web 按钮和条形】符号库，如图 7-78 所示，然后从符号库中拖出所需的符号到画面中，如图 7-79 所示。

2 从工具箱中选择 自由变换工具，将指针指向对角控制点，当指针成 双箭头状时按下左键向右下方拖动，将符号放大，如图 7-80 所示。

图 7-78 【Web 按钮和条形】符号库

图 7-79 拖出的符号

图 7-80 调整对象大小

3 当指针指向每边中间的控制点上成 双向箭头时，按下左键拖动可以不等比缩放图形，如图 7-81 所示。

4 将指针指向对角控制点成↘状时，如图 7-82 所示；按下左键向左上方拖动，即可将椭圆按钮进行旋转，旋转的结果如图 7-83 所示。

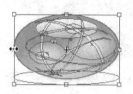

图 7-81 调整对象大小

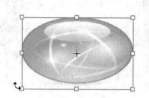

图 7-82 指向控制点时的状态

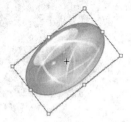

图 7-83 旋转后的效果

如果在按下【Alt】键的同时，当指针指向控制点上成双向箭头和弯曲箭头时向外或向内拖动，可以将图形以变换框的中心为中心进行旋转或缩放。当指针指向控制点上成▶状时，按下左键拖动，即可将图形拖到所需的地方。

7.2 剪切、复制和粘贴对象

使用剪切、复制和粘贴命令可以复制副本，也可以在各程序之间进行复制。

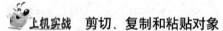 **剪切、复制和粘贴对象**

1 在菜单中执行【编辑】→【复制】命令，将对象复制到剪贴板中，然后在菜单中执行【编辑】→【粘贴】命令，从剪贴板中将复制的对象粘贴到文档中，如图 7-84 所示。

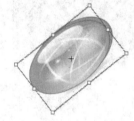

图 7-84 复制与粘贴的对象

只要进行过复制，就可以执行多次粘贴。在同一文件、不同的文件或者不同的程序中都可以进行复制与粘贴。如果所要复制的对象没有被选中，可以先使用选择工具，选择它或框选住所需的对象，然后按 【Ctrl＋C】键或按【Ctrl＋X】键进行复制或剪切。

2 在菜单中执行【编辑】→【剪切】命令，然后在菜单中执行【文件】→【新建】命令，弹出【新建文件】对话框，在其中直接单击【确定】按钮，再在菜单中执行【编辑】→【粘贴】命令，可以将剪切的内容粘贴到新建文件中，如图 7-85 所示。

3 在菜单中执行【编辑】→【贴在前面】命令，可以将剪切的内容粘贴到新建文件中，并排放到前面，如图 7-86 所示。

4 在菜单中执行【编辑】→【贴在后面】命令，可以将剪切的内容粘贴到新建文件中，并排放到后面，如图 7-87 所示，在键盘上按方向键可以看到是贴到步骤 3 粘贴对象的后面，画面效果如图 7-88 所示。

5 在菜单中执行【编辑】→【就地粘贴】命令，可以将剪切的内容粘贴到新建文件中，并排放在原位置，但是它在所有对象的前面，画面效果如图 7-89 所示。

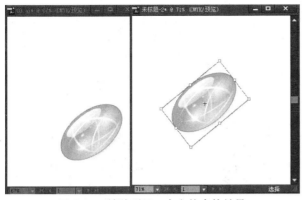

图 7-85　粘贴到另一个文件中的效果

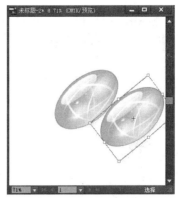

图 7-86　贴在前面的效果

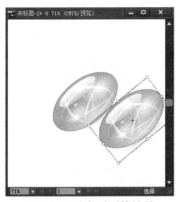

图 7-87　贴在后面的效果

图 7-88　移动后的效果

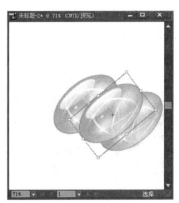

图 7-89　就地粘贴效果

7.3　清除对象

在工具箱中选择选择工具（或直接选择工具）选择文档中需要删除的对象，在菜单中执行【编辑】→【清除】命令（或在键盘上按【Delete】键），即可将所选的对象清除。

7.4　改变排列顺序

如果在绘图区内绘制了多个图形对象后，发现它们的叠放顺序不对，可以使用排列命令改变它们的顺序。

上机实战　使用排列命令改变图形叠放顺序

1　按【Ctrl＋O】键从配套光盘的素材库中打开一个绘制好的图形，如图 7-90 所示。

2　使用选择工具在画面中单击椭圆圆环，以选择它，如图 7-91 所示，再按【Shift】键单击其他的椭圆圆环，以同时选择它们，如图 7-92 所示。

3　在【对象】菜单中执行【排列】→【置于底层】命令，即可得到如图 7-93 所示的效果。

4　使用选择工具在画面的空白处单击，取消选择，再单击黄色的"福"字，如图 7-94

所示。然后在【对象】菜单中执行【排列】→【后移一层】命令，或按【Ctrl＋[】键，即可得到如图 7-95 所示的效果。

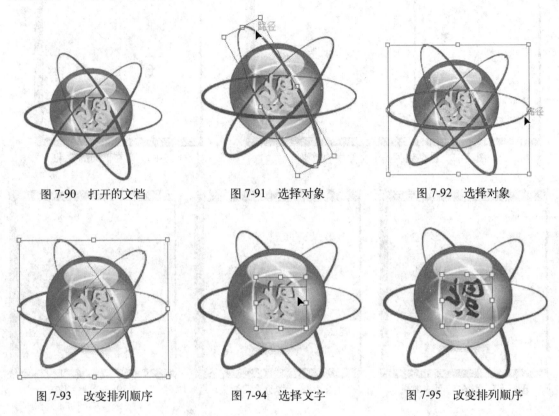

图 7-90　打开的文档　　　　　　图 7-91　选择对象　　　　　　图 7-92　选择对象

图 7-93　改变排列顺序　　　　　图 7-94　选择文字　　　　　图 7-95　改变排列顺序

7.5　编组

在绘制一幅精美而复杂的作品时，往往需要对一组对象进行编辑、移动等，为了保证对象相互之间不发生变化，就需要把这一组对象进行编组，同时可以将已经编组的对象拆分成单独的对象。

7.5.1　编组

为了防止相关对象的意外更改，可以把这些对象编组在一起，在编组之前需要先选择对象。

上机实战　将对象编组

　　1　按【Ctrl＋O】键从配套光盘的素材库中打开一个有按钮的文档，在工具箱中选择选择工具，按下左键从左上方向右下方拖移，拖出一个虚框，如图 7-96 所示，松开左键后即可将所框过的对象选择，如图 7-97 所示。

　　2　在菜单中执行【对象】→【编组】命令，或按【Ctrl＋G】键，使多个对象创建为一个整体，而群组中的每个对象保持其原始属性。先取消选择，再使用选择工具选择对象时，将直接选择编组的所有对象。

图 7-96　框选对象

图 7-97　选择的对象

7.5.2　取消编组

如果要对编组中的对象再次进行编辑，可以取消编组。使用直接选择工具或组选择工具可以选择所需编辑的对象。使用选择工具选择要取消群组的对象，然后在菜单中执行【对象】→【取消编组】命令，就可以将所选的组取消群组。

7.6　用路径查找器创建复杂图形

在 Illustrator CS6 中，包含了许多可以变换图形对象的形状、大小和方向的工具和命令。
图形的各种组合布尔运算是矢量软件的重要造型方式。很多复杂的图形都是通过简单图形的相加、相减、相交等方式来生成的。【路径查找器】面板就是 Illustrator 中用于图形组合运算的专门工具。使用【路径查找器】面板中的"路径查找器"命令可以组合，分离和细分对象。这些命令可以建立由对象的交叉部分形成的新建对象。

7.6.1　联集

使用【联集】命令可以将多个选中的对象合并成一个对象。而新生成的对象将保留合并之前最上面的对象的属性，如填充色、笔画色等。

上机实战　使用联集命令合并对象

1　按【Ctrl + N】键新建一个文档，并使用椭圆工具绘制两个椭圆，如图 7-98 所示，再使用矩形工具绘制 3 个矩形，如图 7-99 所示。

2　使用选择工具框选所有对象，如图 7-100 所示。

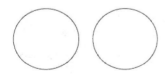

图 7-98　绘制椭圆

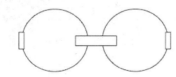

图 7-99　绘制矩形

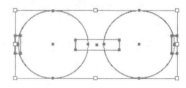

图 7-100　框选所有对象

3　在【窗口】菜单中执行【路径查找器】命令，显示【路径查找器】面板，在其中单击【联集】按钮，如图 7-101 所示，即可得到如图 7-102 所示的效果。

图 7-101　【路径查找器】面板

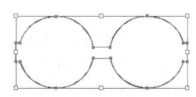

图 7-102　联集后的效果

单击【路径查找器】面板中的相关命令按钮，它们重叠的路径变为透明，而且每个对象还可以单独编辑。而按着【Alt】键单击【路径查找器】面板中的相关命令按钮，则得到的只有一个对象，而且重叠的路径被删除。

7.6.2 减去顶层

使用【减去顶层】命令可以从形状区域中减去某一个形状。通常是用前面的对象减去最下面的对象，它适用于从大的对象中减去小的对象。

上机实战　使用减去顶层命令调整形状

1　从工具箱中选择矩形工具，按【Shift】键在文档中拖出一个正方形，如图 7-103 所示。

2　从工具箱中选择椭圆工具，按下【Alt + Shift】键从正方形的中心点向外绘制一个圆形，如图 7-104 所示。按【Ctrl】键框选正方形和圆形，如图 7-105 所示。

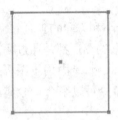
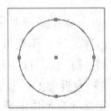
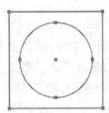

图 7-103　绘制矩形　　　　图 7-104　绘制椭圆　　　　图 7-105　选择对象

3　在【路径查找器】面板中单击【减去顶层】按钮，即可将正方形中的圆形区域减去，如图 7-106 所示，在【颜色】面板中设置 C 为 62，其他都为 0，如图 7-107 所示，即可得到如图 7-108 所示的效果。

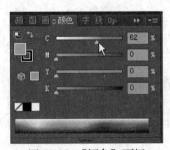

图 7-106　【路径查找器】面板　　　图 7-107　【颜色】面板　　　图 7-108　修剪后的效果

7.6.3 交集

使用【交集】命令可以从相交的部分创建新的对象。重叠的部分将被保留，不重叠的部分将被删除。

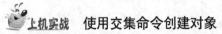 **上机实战　使用交集命令创建对象**

1　从工具箱中选择椭圆工具，按【Shift】键在画面的空白处绘制一个圆形，如图 7-109 所示。在工具箱中选择☆星形工具，在圆形的下方绘制一个星形，如图 7-110 所示。

2　在【颜色】面板中设置填色为"C：0、M：0、Y：100、K：0"，如图 7-111 所示，将星形的颜色进行更改，如图 7-112 所示。

图 7-109　绘制圆形

图 7-110　绘制星形

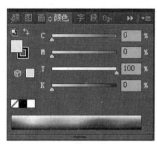

图 7-111　【颜色】面板

3　从工具箱中选择选择工具，框选星形和圆形，如图 7-113 所示，显示【路径查找器】面板，在其中单击 （交集）按钮，将相交部分保留，其属性采用前面（上层）对象的属性，而不相交的部分将会被删除，如图 7-114 所示。

图 7-112　改变对象颜色

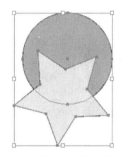

图 7-113　框选对象

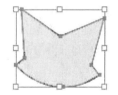

图 7-114　删除后的效果

7.6.4　差集

使用【差集】命令可以去除重叠的部分。新生成的对象属性与使用该命令之前被选中的多个对象中最上面对象的属性相同。

　**使用差集命令去除图形的重叠部分**

1　以如图 7-113 所示的图形为例，按【Ctrl + Z】键撤销交集操作。

2　在【路径查找器】面板中单击 （差集）按钮，即可将重叠区域删除（挖空），如图 7-115 所示。

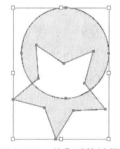

图 7-115　差集后的效果

　如果它们的下方有其他对象，可以通过删除的孔看到它下面的对象。

7.6.5　分割

使用【分割】命令可以将相互重叠交叉的部分分离，从而生成多个独立的部分(对象)，但不删除任何部分。应用【分割】命令后所有的填充和颜色将被保留，各个部分保留原始的属性，但是前面对象重叠部分的轮廓线的属性将被取消。在生成多个独立的对象后，可以使用直接选择工具选中某个对象进行移动。

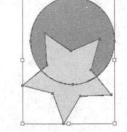

图 7-116　分割后的效果

 上机实战　使用分割命令分离对象

1　按【Ctrl + Z】键撤销差集操作，在【路径查找器】面板中单击 (分割) 按钮，即可将星形和圆形进行分割，如图 7-116 所示。

2　在空白处单击取消选择，使用 直接选择工具单击中间的重叠部分，如图 7-117 所示，接着在重叠部分上按下左键向左拖动，即可将分割的对象拖出，如图 7-118 所示。

TIPS▶　可以按【Delete】键直接将其删除。

3　使用直接选择工具拖动下方黄色对象向上到适当位置，可以看到它同样也被分割了，如图 7-119 所示。

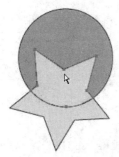

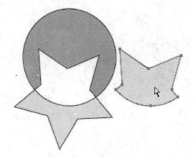

图 7-117　选择对象　　　　图 7-118　移动对象　　　　图 7-119　移动对象后的效果

7.6.6　修边

使用【修边】命令可以从填充路径中删去隐藏的部分，也可以以路径为裁切线将相交的部分裁开，并使它们成为独立的对象，而且轮廓线都被清除。

如果被选中的多个对象没有轮廓线并使用填充色进行填充，则只会使用前面的对象裁切下层对象的重叠部分。

 上机实战　使用修边命令裁切对象的重叠部分

1　在工具箱中选择 多边形工具，在画面中单击，弹出【多边形】对话框，在其中设置【半径】为 50mm，【边数】为 5，如图 7-120 所示，单击【确定】按钮，即可得到一个五边形，设置填色为灰色，描边颜色为无，画面效果如图 7-121 所示。

2　在工具箱中选择 椭圆工具，在五边形中绘制一个椭圆，如图 7-122 所示。

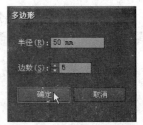

图 7-120　【多边形】对话框

3　使用直接选择工具框选两个对象，在【路径查找器】面板中选择 (修边) 命令，即可将所选对象重叠部分进行裁切，在空白处单击取消选择，使用直接选择工具把它移动到适当的位置，如图 7-123 所示。

图 7-121　绘制多边形　　　　图 7-122　绘制椭圆　　　　图 7-123　修边后再移动的效果

如果被选的多个对象属性不同并有轮廓线，则裁切过后所有被选取对象的轮廓线将被清除，而且每个路径相交的部分，都单独成为一个对象。应用该命令后可以使用直接选择工具将它们选中并移动。

上机实战　使用修边命令裁切对象的重叠部分并清除轮廓

1　从工具箱中选择☆星形工具，在文档中单击弹出一个对话框，在其中设定【半径 1】为 4mm，【半径 2】为 20mm，【角点数】为 15，如图 7-124 所示，单击【确定】按钮得到一个星形，如图 7-125 所示。

2　显示【颜色】面板，在其中设定描边颜色为绿色，填色为黄色，如图 7-126 所示，即可得到如图 7-127 所示的效果。

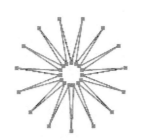

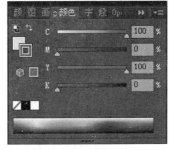

图 7-124　【星形】对话框　　　　图 7-125　绘制星形　　　　图 7-126　【颜色】面板

3　在工具箱中选择▣多边形工具，在星形的中间位置绘制一个六边形，在【颜色】面板中设置填色为灰色，描边颜色为红色，如图 7-128 所示，结果如图 7-129 所示。

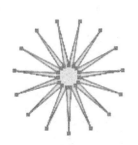

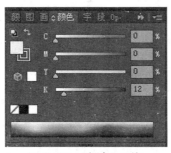

图 7-127　设置颜色后的效果　　　　图 7-128　【颜色】面板　　　　图 7-129　绘制多边形并填充颜色

4　使用直接选择工具框选两个对象，在【路径查找器】面板中选择▣（修边）命令，可以将所选取对象的重叠部分进行裁切，并去除了轮廓，如图 7-130 所示。在空白处单击取消选择，再使用直接选择工具将它移动到适当的位置，如图 7-131 所示。

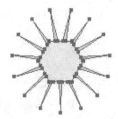

图 7-130　修边后的效果　　　　　　　　　　　图 7-131　移动对象

7.6.7　合并

使用【合并】命令可以将相同填充色的多个对象，合并为一个对象。如果填充色不同，则用上层的对象裁切下层对象。如果是用色样进行填充，则会将所选对象的重叠部分进行裁切，并各自独立。

上机实战　使用合并命令调整对象

1　从工具箱中选择椭圆工具，在绘图区内绘制一个椭圆，显示【颜色】面板，在其中设定描边颜色为黑色，填色为灰色，如图 7-132 所示。再使用椭圆工具在椭圆上方绘制一个小椭圆，如图 7-133 所示。

2　在工具箱中选择直接选择工具，框选这两个对象，在【路径查找器】面板中单击█（合并）按钮，即可将选择的对象合并为一个对象，并且清除了轮廓线，如图 7-134 所示。

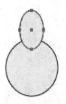

图 7-132　绘制椭圆　　　　　图 7-133　绘制椭圆　　　　　图 7-134　合并后的效果

3　按【Ctrl＋Z】键撤销合并操作，在空白处单击取消选择，接着单击小椭圆，并在【颜色】面板中设定它的填色为深灰色，如图 7-135 所示。

4　按【Shift】键单击下方大椭圆，同时选择两个椭圆，在【路径查找器】面板中单击█（合并）按钮，可以椭圆的重叠部分修剪掉，如图 7-136 所示，使用直接选择工具在空白处单击取消选择，再将椭圆向右拖动即可看到，如图 7-137 所示。

图 7-135　改变填充颜色　　　　图 7-136　合并后的效果　　　　图 7-137　移动后的效果

7.6.8　裁剪

使用【裁剪】命令可以将一些被选中的与最前面对象相交部分之外的对象裁剪掉。

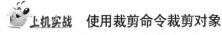 **上机实战　使用裁剪命令裁剪对象**

1 在工具箱中选择椭圆工具，在文档中绘制两个相交的椭圆，如图 7-138 所示。

2 在工具箱中选择直接选择工具，接着在文档中框选两个椭圆，在【路径查找器】面板中单击■（裁剪）按钮，即可将相交的部分保留，而将相交以外的部分剪掉，但是上层对象中还保留被裁剪过的无色轮廓，如图 7-139 所示。

图 7-138　绘制椭圆

图 7-139　裁剪后的效果

3 在【颜色】面板中设置描边颜色为"K：40%"，如图 7-140 所示，在空白处单击取消选择，再在裁剪所得的图形上单击上部分对象，即可单独选择它，如图 7-141 左所示，然后将它向上拖动到适当位置，如图 7-141 右所示。

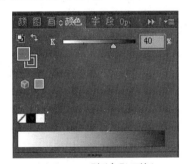

图 7-140　【颜色】面板

图 7-141　选择并移动对象

 使用直接选择工具可以单独选择它，但是使用选择工具无法单独选择一个对象，因为它们是一个群组。

7.6.9　轮廓

使用【轮廓】命令可以从相交的部分分离创建独立的线条，同时将所有的对象转换为轮廓，不管原对象的轮廓线粗细为多少，执行【轮廓】命令后轮廓线的笔画粗细都会自动变为0，轮廓线颜色也会变为填充的颜色。

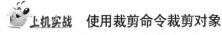 **上机实战　使用轮廓命令分离线条并创建轮廓**

1 按【Ctrl＋O】键从配套光盘的素材库中打开一个已经绘制好的花瓣，并使用直接选择工具框选整朵花瓣，如图 7-142 所示。

 如果一次绘制不好，可以使用直接选择工具或按【Ctrl】键，对各个锚点进行调整，直到满意的效果为止。

2 在【路径查找器】面板中单击■（轮廓）按钮，即可将填充色清除并将轮廓宽度设为 0pt，如图 7-143 所示。

图 7-142　打开花瓣并选择

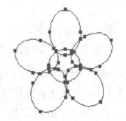

图 7-143　创建轮廓后的效果

7.6.10　减去后方对象

使用【减去后方对象】命令可以使用前面对象裁减去最后面的对象，并得到一个封闭的图形。

上机实战　使用减去后方对象命令绘制图形

1　在工具箱中选择椭圆工具，在文档中绘制出一个椭圆，再在【颜色】面板中设定描边颜色为黑色，填色为红色，如图 7-144 所示。

2　使用矩形工具在椭圆上绘制一个矩形，并与椭圆有一部分相交，再在【颜色】面板中设定填色为黄色，如图 7-145 所示。

3　按【Ctrl】键框选矩形与椭圆，接着在【路径查找器】面板中单击 （减去后方对象）按钮，即可用下层对象减去上层对象中相交的部分，结果如图 7-146 所示。

图 7-144　绘制椭圆

图 7-145　绘制矩形

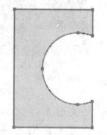

图 7-146　裁剪后的效果

7.7　形状生成器工具

使用形状生成器工具可以将选择的多个简单形状创建成一个复杂的形状。

上机实战　使用形状生成器工具绘制形状

1　按【Ctrl + N】键新建一个空白文档，接着在工具箱中设置填色为"C：16 、M：0、 Y：0、K：0"，描边为黑色，使用椭圆工具在画面中绘制一个椭圆，如图 7-147 所示。

2　使用矩形工具在画面中绘制两个矩形，一个在椭圆的下方，一个在椭圆的上方，如图 7-148 所示，再在【颜色】面板中将填色设置为青色，如图 7-149 所示，得到如图 7-150 所示的效果。

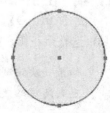

图 7-147　绘制椭圆并填充颜色

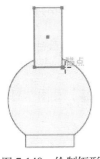

图 7-148 绘制矩形

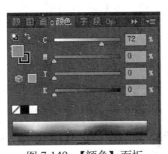

图 7-149 【颜色】面板

图 7-150 改变填充颜色

   3 使用椭圆工具在上面的矩形上方绘制一个椭圆，如图 7-151 所示，然后使用直接选择工具框选绘制的几个对象，如图 7-152 所示。

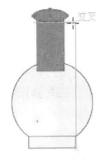

图 7-151 绘制椭圆

图 7-152 选择对象

   4 在工具箱中选择形状生成器工具或按【Shift + M】键，在画面中上方矩形上按下左键向下方矩形拖移，如图 7-153 所示，松开左键后即可将拖过的 3 个对象合并为一个对象，结果如图 7-154 所示，按【Ctrl】键在空白处单击取消选择，得到如图 7-155 所示的效果。

图 7-153 用形状生成器工具拖动
时的状态

图 7-154 生成的图形

图 7-155 取消选择后的效果

7.8 对齐与分布

使用对齐与分布命令可以将杂乱无章的多个对象进行排列。

7.8.1 对齐对象

使用【对齐】面板中的【对齐对象】下的各命令，如水平左对齐、水平居中对齐、水平右对齐、垂直顶对齐、垂直居中对齐和垂直底对齐等，可以将所选的所有对象按照指定的要求进行对齐。

上机实战　对齐对象

1　按【Ctrl + N】键新建一个文档，显示【Web 按钮和条形】符号库，如图 7-156 所示，从符号库中分别拖出 4 个按钮到画面的不同位置，如图 7-157 所示。

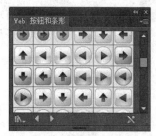

图 7-156　【Web 按钮和条形】符号库

图 7-157　拖出的符号

2　使用选择工具框选所有的 4 个按钮，如图 7-158 所示，在【窗口】菜单中执行【对齐】命令，显示【对齐】面板，并在其中单击 (垂直顶对齐) 按钮，即可将所选的 4 个按钮以最上边的按钮进行顶边对齐，结果如图 7-159 所示。

图 7-158　【对齐】面板

图 7-159　垂直顶对齐后的效果

7.8.2　分布

使用【对齐】面板中的【分布对象】下的各命令，如垂直顶分布、垂直居中分布、垂直底分布、水平左分布、水平居中分布和水平右分布等，可以将所选的所有对象按照指定的要求进行分布。使用【分布间距】中的【垂直分布间距】和【水平分布间距】命令，可以使所选对象按照指定的要求进行分布。

以如图 7-159 所示的图形为例，在【对齐】面板中单击 (水平居中分布) 按钮，即可将 4 个按钮之间的距离分配得一样长，如图 7-160 所示。

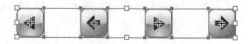

图 7-160　水平居中分布后的效果

7.9　图层

图层就好像一张张透明的塑料薄膜，在每一张塑料薄膜上绘制图形的一部分，然后把它们重叠在一起就可得到一幅完美的作品。Illustrator 中的新文档只有一个图层，可以在一个图层上完成一幅作品，而且每个对象将占一个路径层。一个图层可以由多个路径组成。

为了便于管理，Illustrator 提供了【图层】面板，使用【图层】面板可以创建图层、复制图层、创建蒙版、删除图层、合并图层、排列图层等。

7.9.1　创建图层

为了便于管理绘制的对象，可以在【图层】面板中新建图层。

上机实战　创建新图层

1　按【Ctrl + N】键新建一个文档，然后在菜单中执行【窗口】→【图层】命令，显示出如图 7-161 所示的【图层】面板。

2　在【图层】面板的底部单击 （创建新图层）按钮，即可新建一个图层，如图 7-162 所示。

7.9.2　创建子图层

在【图层】面板中单击 （创建新子图层）按钮，即可在当前图层中创建一个子图层，如图 7-163 所示。

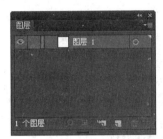

图 7-161　【图层】面板

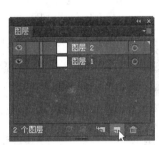

图 7-162　【图层】面板

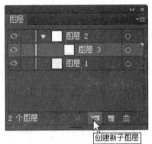

图 7-163　【图层】面板

7.9.3　在当前可用图层中绘制对象

在 Illustrator 中，只能在当前可用图层中绘制对象或编辑当前图层中的对象。

上机实战　编辑图层

1　在【图层】面板中单击图层 1，使它成为当前可用图层，如图 7-164 所示。

2　显示【Web 按钮和条形】符号库，从符号库中拖出两个按钮，如图 7-165 所示，同时在【图层】面板中也更新并添加了两个子图层，如图 7-166 所示。

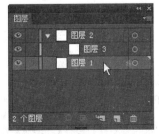

图 7-164　【图层】面板

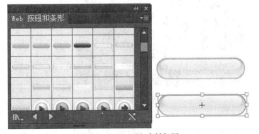

图 7-165　绘制符号

3　在工具箱中选择矩形工具，并设置描边为黑色，填色为无，然后在画面中沿着按钮

绘制一个矩形框，如图 7-167 所示，同时【图层】面板中也就添加了一个路径子图层，如图 7-168 所示。

图 7-166　【图层】面板

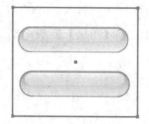

图 7-167　绘制矩形

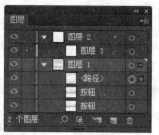

图 7-168　【图层】面板

7.9.4　复制图层

在编辑图形时，通常需要对多个同样的对象进行编辑，除了复制对象外，还可以复制图层。复制图层的方法有如下两种：

方法 1　在【图层】面板中拖动图层 1 到 ■（创建新图层）按钮，当指针成 ■ 状时松开左键，如图 7-169 所示，即可复制一个图层副本，如图 7-170 所示。

图 7-169　【图层】面板

图 7-170　【图层】面板

此时画面中并没有什么变化，在【图层】面板中单击"图层1_复制"图层后面的圆圈图标，如图 7-171 所示，使之成为圆环，选择图层 1_复制图层中所有的对象，再将其拖到右上方，可以发现已有一组同样的对象，如图 7-172 所示。

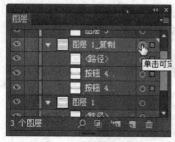

图 7-171　【图层】面板

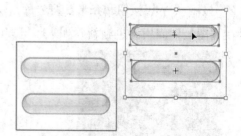

图 7-172　复制对象

方法 2　在【图层】面板中单击"图层 1_复制"图层，然后单击【图层】面板右上角的小三角形按钮，弹出如图 7-173 所示的下拉式菜单，在其中单击【复制"图层 1_复制"】命令，即可复制一个副本图层，如图 7-174 所示。

图 7-173　【图层】面板菜单

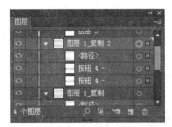

图 7-174　复制图层后的【图层】面板

7.9.5　删除图层

对于一些不需要或者多余的图层，可以将它们删除。

在【图层】面板中单击"图层 1_复制 2"图层，以它为当前可用图层，在【图层】面板的底部单击 (删除所选图层) 按钮，弹出一个警告对话框，单击【是】按钮，如图 7-175 所示，即可将选定的图层删除了，如图 7-176 所示。

图 7-175　删除图层

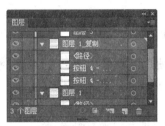

图 7-176　删除图层后的【图层】面板

7.9.6　锁定／解锁图层

如果某个图层已经编辑好，需要在编辑其他图层内容时不影响该图层，就需锁定该图层。在需要编辑它时，将它解锁即可。

在【图层】面板中单击需要锁定图层的列，出现锁定图标，如图 7-177 所示，表示已经将该图层（包括它的子图层）锁定。

如果要将该图层解锁，可以单击要解锁图层前面的锁定图标，取消锁定图标即可。

7.9.7　显示／隐藏图层

在 Illustrator 中，可以将不需要打印或显示的图层显示/隐藏，也可以在查看图层时，需要将某个图层或某些图层隐藏。

在【图层】面板中单击图层（如图层 1）前面的眼睛图标，使眼睛图标不可见，即可将该图层隐藏，如图 7-178 所示，同时画面中该图层的对象也不可见。

图 7-177　【图层】面板

图 7-178　【图层】面板

7.9.8 改变图层顺序

在【图层】面板中拖动某图层（如图层 1），到"图层 1 复制"图层的上面成粗线条状时松开左键，如图 7-179 所示。即可将"图层 1"图层移到"图层 1 复制"图层的上面，如图 7-180 所示。

图 7-179 【图层】面板

图 7-180 【图层】面板

7.9.9 创建蒙版

使用蒙版可以将一些图形对象或图像不需要的部分遮住，以显示想要的一部分。蒙版对象必须位于被蒙住对象的最前面。蒙版可以是开放的、封闭的或复合路径等。

上机实战 创建蒙版

1 按【Ctrl＋O】键打开一张图片（配套光盘\素材库\07\029.ai），如图 7-181 所示。

2 从工具箱中选择 T 文字工具，在图片适当的位置单击并输入"和谐社会"，选择文字后在【字符】面板中设置【字体】为文鼎 CS 大黑，【字体大小】为 95pt，如图 7-182 所示。

图 7-181 打开的图片

图 7-182 输入文字

3 按住【Ctrl】键单击文字确认文字输入，显示【图层】面板，并在底部单击 ▣（创建/释放剪切蒙版）按钮，如图 7-183 所示，即可得到如图 7-184 所示的效果。

图 7-183 【图层】面板

图 7-184 创建剪切蒙版后的效果

如果不需要此蒙版，可以再次单击 ▣（创建/释放剪切蒙版）按钮取消蒙版。

7.10　本章小结

本章首先介绍了使用旋转工具、镜像工具、比例缩放工具、倾斜工具、液化变形工具和自由变换工具对图形对象进行编辑的方法。然后结合实例详细介绍了使用剪切、复制与粘贴等功能在不同文件或同一文件或不同程序中进行复制与粘贴的技巧。

本章还对 Illustrator CS6 中的一些功能，如改变排列顺序、组合、对齐与分布、使用图层对图形对象进行管理和制作蒙版等进行了详细的讲解。最后介绍了使用联集、减去顶层、交集、差集、分割、修边、轮廓、合并、裁剪、减去后方对象等命令为一些图形对象创建新的图形对象的方法。

7.11　习题

一、填空题

1. 使用【对齐】面板中的【分布对象】下的各命令（如_____、_____、_____、水平左分布、_____和_____）可将所选的所有对象按照指定的要求进行分布。使用【分布间距】中的 _____和_____命令可使所选对象按照指定的要求进行分布。

2. 使用_____、_____和_____、粘在前面、_____、就地粘贴、_____可以复制副本，也可以在各程序之间进行复制。

二、选择题

1. 使用以下哪个工具可以将所选的对象进行旋转？　　　　　　　　　　（　　）

    A. 旋转工具　　　　　　　　　　　　B. 镜像工具

    C. 倾斜工具　　　　　　　　　　　　D. 自由变换工具

2. 使用以下哪个工具可以改变图形对象的尺寸、形状和方向？它既可以对图形的局部进行缩放，也可以对整个图形进行缩放。　　　　　　　　　　　　　　　　　（　　）

    A. 旋转工具　　　　　　　　　　　　B. 自由变换工具

    C. 倾斜工具　　　　　　　　　　　　D. 比例缩放工具

3. 使用以下哪个工具可以使选定的对象倾斜，也可以在倾斜的同时进行复制？（　　）

    A. 旋转工具　　　　　　　　　　　　B. 比例缩放工具

    C. 镜像工具　　　　　　　　　　　　D. 倾斜工具

4. 使用以下哪个命令可以使用前面对象裁减最后面的对象，并得到一个封闭的图形？

                                                           （　　）

    A. 减去后方对象　　　　　　　　　　B. 分割

    C. 裁剪　　　　　　　　　　　　　　D. 与形状区域相减

第 8 章　图表制作

教学提要

本章主要介绍使用图表工具创建图表的方法，并结合实例介绍对图表进行格式化和修改以及向图表中添加数据的技巧。

教学重点

➢ 使用图表工具创建图表
➢ 添加与修改图表数据
➢ 修改图表类型
➢ 格式化图表

8.1 使用图表工具创建图表

图表工具包括█（柱形图工具）、█（堆积柱形图工具）、█（条形图工具）、█（堆积条图形工具）、█（折线图工具）、█（面积图工具）、█（散点图工具）、█（饼图工具）和█（雷达图工具）等。

使用图表工具可以创建 9 种类型的图形，包括柱形图、堆叠柱形图、条形图、堆叠条形图、线段图也称折线图、区域图、分散图、饼形图和雷达图等。

图表类型分别说明如下：

- 柱形图：它会参考一组或多组的数值，然后将数值的比值用矩形长短来表示。
- 堆积柱形图：类似长条图，但不是一排排的比较，而是上下重叠的比较。这种图表类型适合用来作部分与全体的比较。
- 条形图：类似柱形图，但是矩形的位置是水平而非垂直。
- 堆积条图形：类似堆叠条图，但重叠的位置是水平而非垂直。
- 折线图：使用点代表一组或多组数值，然后使用不同线条结合每一组中的点。这类图表常用来显示一个或多个对象在一段时间后的趋势。
- 面积图：类似线段图，但强调总数量的变化。
- 散点图：以成对坐标组的形式，沿着 x 轴和 y 轴绘制数据点。在识别数据中的图样或趋势时，分散图非常有用。分散图也可指出其中的变量是否会彼此影响。
- 饼图：饼形图内分成数个部分，代表比较的资料数据间的相对百分比。
- 雷达图：雷达图比较某些时间点上的或是某些特定类别里的数值，然后用圆形格式显示出来。这种类型又称蛛网图。

8.1.1 使用图表工具

使用图表工具可以定义图表的大小。使用的工具会开始时就决定 Illustrator 产生的图表类型，可以在后面的操作中修改图表类型。

在使用图表工具绘制图表时，可以直接在绘图区拖动鼠标设定图表大小，也可以在对话框中指定所需的大小。使用任意一种方式指定的图表主体大小，都不包括图表的卷标和图例。

在创建图表后，可以使用比例工具重新调整图表的大小。

 使用比例工具会影响图表中的文字。

从工具箱中选取图表工具。执行下列操作之一可以创建图表：

（1）将指针指向图表的起点，向其斜对角拖动。按住【Shift】键可以将图表强制为正方形。

（2）按【Alt】键并拖动鼠标可以自图表中心开始绘制。按住【Shift】键可以将图表强制为正方形。

（3）单击要建立图表的地方，探出【图表】对话框，在其中输入图表的宽度和高度，单击【确定】按钮，即可创建一个指定大小的图表。

在创建图表后，在 Illustrator 中将显示图表数据窗口，使用此窗口可以创建图表的数据。

8.1.2 创建图表

上机实战 创建图表

1 从配套光盘的素材库中打开准备好的文本文档，其中准备好了一些数据，如图 8-1 所示。

2 在工具箱中选择柱形图工具，在绘图区内拖动一个范围摆放图表，如图 8-2 所示。松开左键后弹出如图 8-3 所示的【图表数据】对话框，在【输入数据】文本框中输入所需的数据，也可以单击【导入数据】按钮导入所需的图表数据。

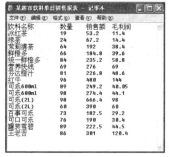

图 8-1 准备好的文本文档

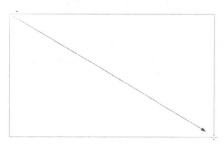

图 8-2 拖动一个范围来摆放图表

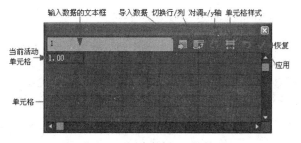

图 8-3 【图表数据】对话框

可以直接在记事本中输入所需的数据，并存盘命名，然后在【图表数据】对话框中单击【导入数据】按钮，弹出如图 8-4 所示的对话框，在其中选择目标文件，然后单击【打开】按钮，将其中的数据导入到【图表数据】对话框中，如图 8-5 所示。

图 8-4 【导入图表数据】对话框

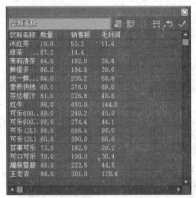

图 8-5 【图表数据】对话框

3　观察图表，可以发现看到单元格有些小了，需要对其进行编辑。单击 按钮，弹出【单元格样式】对话框，如图 8-6 所示，在其中设置小数位为 2 位，列宽度为 10 位，单击【确定】按钮，结果如图 8-7 所示。

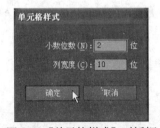

图 8-6 【单元格样式】对话框

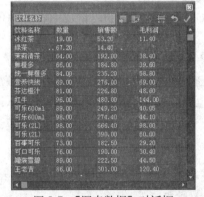

图 8-7 【图表数据】对话框

可以直接在【图表数据】对话框中选择要输入文字的单元格，在键盘上输入所需的文字。也可以按【Tab】键确认文字输入的同时向右选择单元格，或者通过在键盘上按向上键、向下键、向左键和向右键选择单元格。

4　在【图表数据】对话框中选择要编辑的单元格，在【输入数据的文本框】中选择"绿茶"文字后的所有内容，如图 8-8 所示，再在键盘上将其删除，但是要记住这个数字，以便在后面的一个单元格中输入，结果如图 8-9 所示。

5　在【图表数据】对话框中选择"毛利润"下方"绿茶"后的第 3 个单元格，输入 14.40，如图 8-10 所示。

6　在键盘上按向左键一次选择前面的一个单元格，然后在【输入数据】文本框中输入 67.20，如图 8-11 所示。

图 8-8　【图表数据】对话框

图 8-9　【图表数据】对话框

图 8-10　【图表数据】对话框

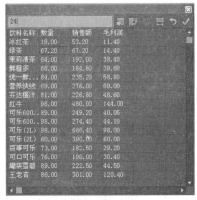

图 8-11　【图表数据】对话框

7　在键盘上按向左键一次，选择前面的一个单元格，如图 8-12 所示，然后在【输入数据】的文本框中输入刚才删除的 24，如图 8-13 所示，再按向左键一次选择前面的一个单元格，数值就编辑好了。

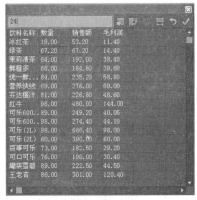

图 8-12　【图表数据】对话框

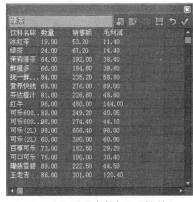

图 8-13　【图表数据】对话框

8　编辑完后在对话框中单击 ✅（应用）按钮，如图 8-14 所示，再单击 ❌（关闭）按钮，关闭【图表数据】对话框，即可得到如图 8-15 所示的图表。

9　由于图表下的文字是自动生成的，重叠了在一起了，因此需要修改文字的大小。使用 🔺 直接选择工具在画面中框选图表下的文字，如图 8-16 所示，以选择它们，如图 8-17 所示。

图 8-14 【图表数据】对话框

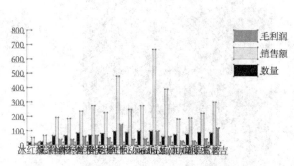

图 8-15 完成后的图表

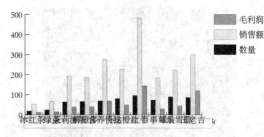

图 8-16 框选图表下的文字

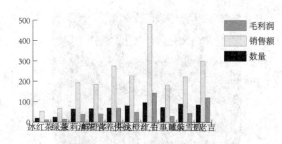

图 8-17 选择文字

10 在菜单中执行【文字】→【大小】→【12pt】命令，将文字调小，如图 8-18 所示。

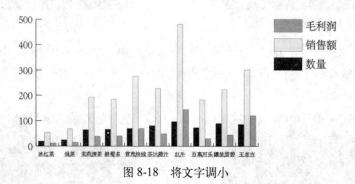

图 8-18 将文字调小

8.2 添加与修改图表数据

在 Illustrator 中，可以添加或修改图表中的数据。

上机实战 添加与修改图标数据

1 使用 选择工具单击图表，在图表上右击，弹出如图 8-19 所示的快捷菜单，在其中单击【数据】命令，即可弹出【图表数据】对话框，在其中单击要更改数据的单元格。

2 在【输入数据】文本框中输入 68，如图 8-20 所示，按【Tab】键确认文字更改，在对话框中单击 （应用）按钮，再单击 （关闭）按钮，关闭【图表数据】对话框，即可得到如图 8-21 所示的图表。

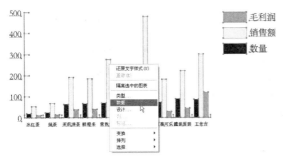

图 8-19　单击【数据】命令

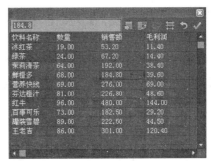

图 8-20　【图表数据】对话框

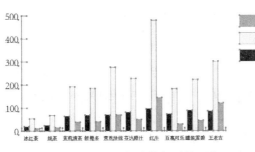

图 8-21　修改数据后的图表

　如果想在图表中删除数据，可以在图表上右击弹出快捷菜单，在其中单击【数据】命令，弹出【图表数据】对话框，在其中单击要删除数据的单元格，按【Delete】键可以直接删除，如果要同时删除多个单元格的数据，可以先选择多个单元格，再按【Ctrl＋X】键将所选的内容剪掉即可。

8.3　修改图表类型

在 Illustrator 中，可以修改创建的图表类型。

上机实战　修改图表类型

1　将指针移到图表上右击，弹出如图 8-22 所示的快捷菜单，在其中单击【类型】命令，弹出【图表类型】对话框，在其中单击 折线图按钮，如图 8-23 所示。

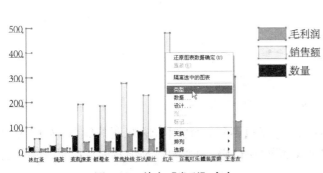

图 8-22　单击【类型】命令

图 8-23　【图表类型】对话框

2 在【图表类型】对话框中单击【确定】按钮，将得到如图 8-24 所示的图表。

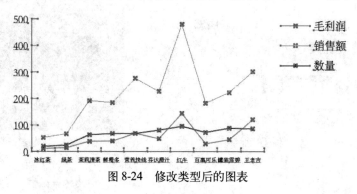

图 8-24　修改类型后的图表

8.4　格式化图表

格式化图表是指更改文字的字体、字体大小和字体颜色，图形和图例的颜色等。

上机实战　格式化图表

1 从工具箱中选择直接选择工具，将指针移到文档的空白处单击取消选择，选择需更改颜色的图形（表示：销售额），如图 8-25 所示，然后按【Shift】键选择销售额的图例，如图 8-26 所示。

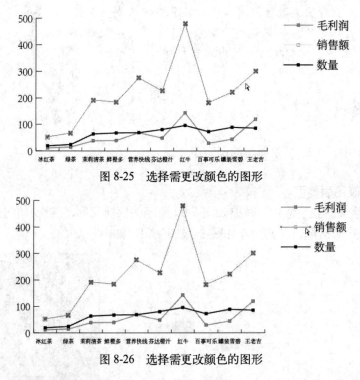

图 8-25　选择需更改颜色的图形

图 8-26　选择需更改颜色的图形

2 在工具箱中使填色为当前颜色设置，并在【色板】面板中单击所需的颜色，如图 8-27 所示，使描边为当前颜色设置，在【色板】面板中单击红色，如图 8-28 所示，即可改变所选折线图的颜色，效果如图 8-29 所示。

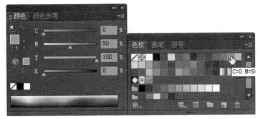
图 8-27 设置填色

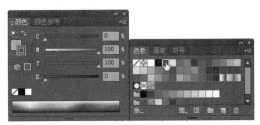
图 8-28 设置描边色

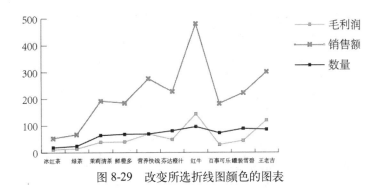
图 8-29 改变所选折线图颜色的图表

8.5 本章小结

本章系统介绍了使用图表工具创建图表，以及对创建的图表进行格式化与编辑的方法。掌握这些工具与功能，可以使读者能够在 Illustrator 程序中创建直观明了的图表。

8.6 习题

一、填空题

1. 格式化图表就是更改文字的_____、_____和_____，图形和图例的颜色等。

2. 使用图表工具可以创建出九种类型的图形（如_____、堆叠柱形图、_____、_____、线段图也称折线图、_____、_____、饼形图和_____）。

二、选择题

1. 可以在创建图表之后，使用以下哪个工具重新调整图表的大小？　　　　　　（　　）

　　A. 自由变换工具　　　　　　　　　B. 手形工具

　　C. 比例缩放工具　　　　　　　　　D. 缩放工具

2. 在【图表数据】对话框中进行编辑时，可以按以下哪个键确认文字输入同时向右选择单元格，这样便于以水平方向输入每个单元格中的数值？　　　　　　（　　）

　　A.【Tab】键　　　B. 回车键　　　C. 向右键　　　D. 向左键

第 9 章　滤镜与效果

9.1　对矢量图形进行效果处理

先打开已准备好的矢量图形，使用效果中的扩散亮光、投影等命令对图形进行处理，然后根据需要绘制一个背景并添加所需的图形样式。本实例制作流程如图 9-1 所示。

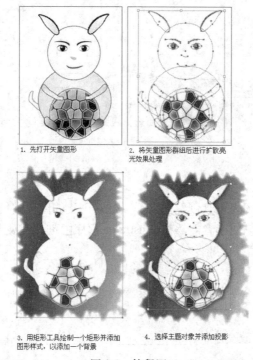

1. 先打开矢量图形　　　　　2. 将矢量图形群组后进行扩散亮光效果处理

3. 用矩形工具绘制一个矩形并添加图形样式，以添加一个背景　　　　4. 选择主题对象并添加投影

图 9-1　流程图

1　按【Ctrl + O】键从配套光盘的素材库中打开一个已经绘制好的矢量图形"玩具猫.ai"，如图 9-2 所示，使用选择工具将所有对象框选，按【Ctrl + G】键将它们编成一组，如图 9-3 所示。

图 9-2　打开的文件

图 9-3　将所有对象框选并编成一组

2 在菜单中执行【效果】→【扭曲】→【扩散亮光】命令，弹出如图 9-4 所示的对话框，并在其中设置【粒度】为 "6"，【发光量】为 "10"，【清除数量】为 "15"，设置好后单击【确定】按钮，即可得到如图 9-5 所示的效果。

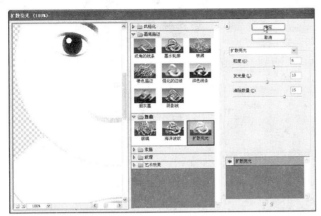

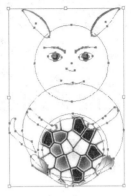

图 9-4 【扩散亮光】对话框   图 9-5 执行【扩散亮光】命令后的效果

3 在空白处单击取消选择，再在工具箱中设置填色为无，描边为黑色，然后使用矩形工具在画面中围绕处理过的玩具猫绘制一个矩形框。在菜单中执行【对象】→【排列】→【置于底层】命令，将矩形置于底层，如图 9-6 所示。

4 显示【图形样式】面板，在其右上角单击 按钮，在弹出的菜单中执行【打开图形样式库】→【纹理】命令，如图 9-7 所示，显示【纹理】面板，在其中单击 "RGB 制图 –低地"，如图 9-8 所示，为矩形添加所需的纹理样式，画面效果如图 9-9 所示。

图 9-8 【纹理】面板

图 9-6 绘制一个矩形框并将   图 9-7 执行【纹理】命令   图 9-9 为矩形添加纹理样式
矩形置于底层

5 使用选择工具在画面中选择处理过的玩具猫，在【效果】菜单中执行【风格化】→【投影】命令，显示【投影】对话框，如图 9-10 所示，在其中设置颜色为黑色，【X 位移】为 1mm，【Y 位移】为 1mm，勾选【预览】选项，其他不变，预览画面效果，效果满意后单击

【确定】按钮，得到如图 9-11 所示的效果。

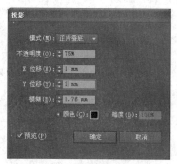

图 9-10 【投影】对话框

图 9-11 执行【投影】命令后的效果

9.2 对位图进行效果处理

9.2.1 将图像处理为模糊虚幻效果

先打开已准备好的图像，再使用效果中的海洋波纹、玻璃、扩散亮光等命令对图像进行处理，以处理出虚幻效果。本实例的制作流程如图 9-12 所示。

1. 打开并选择图像　　　　　　　2. 用海洋波纹命令对图像进行处理

3. 用玻璃命令再次对图像进行处理已添加一些纹理　　4. 用扩散亮光命令给图像添加一些光亮

图 9-12 流程图

1 在菜单中执行【文件】→【打开】命令，打开配套光盘中的"\素材库\902.jpg"文件，将位图打开到绘图区内，如图 9-13 所示。

2 在菜单中执行【效果】→【风格化】→【照亮边缘】命令，弹出如图 9-14 所示的【照亮边缘】对话框，在其中设定【边缘宽度】为 2，【边缘亮度】为 6，【平滑度】为 5，单击【确定】按钮，得到如图 9-15 所示的效果。

图 9-13 打开的文件

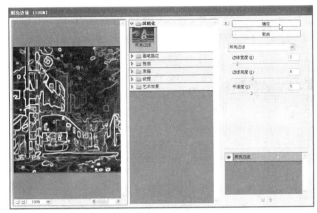

图 9-14　【照亮边缘】对话框

图 9-15　执行【照亮边缘】命令后的效果

3　按【Ctrl＋Z】键撤销照亮边缘操作，在菜单中执行【效果】→【扭曲】→【海洋波纹】命令，弹出如图 9-16 所示的对话框，在其中设定【波纹大小】为 11，【波纹幅度】为 9，单击【确定】按钮，得到如图 9-17 所示的效果。

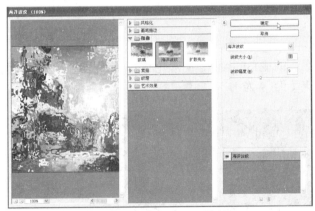

图 9-16　【海洋波纹】对话框

图 9-17　执行【海洋波纹】命令后的效果

4　在菜单中执行【效果】→【扭曲】→【玻璃】命令，弹出如图 9-18 所示的对话框，在其中设定【扭曲度】为 1，【平滑度】为 3，【纹理】为块状，【缩放】为 131%，单击【确定】按钮，得到如图 9-19 所示的效果。

图 9-18　【玻璃】对话框

图 9-19　执行【玻璃】命令后的效果

5 在菜单中执行【效果】→【扭曲】→【扩散亮光】命令，弹出如图 9-20 所示的对话框，在其中设定【粒度】为 3，【发光量】为 4，【清除数量】为 12，单击【确定】按钮，得到如图 9-21 所示的效果。

图 9-20　【扩散亮光】对话框

图 9-21　执行【扩散亮光】命令后的效果

9.2.2　将图像处理为水墨画效果

先打开已准备好的图像，再使用效果中的成角的线条、墨水轮廓等命令对图像进行处理，以处理出水墨画效果。本实例的制作流程如图 9-22 所示。

1. 打开并选择图像

2. 用成角的线条命令对图像进行处理

3. 用墨水轮廓命令对图像进行处理

图 9-22　流程图

1 按【Ctrl＋O】键，从配套光盘的素材库中打开一张如图 9-23 所示的图片（配套光盘\素材库\903.jpg），并使用选择工具选择它。

2 在菜单中执行【效果】→【画笔描边】→【成角的线条】命令，弹出如图 9-24 所示的对话框，在其中设定【方向平衡】为 50，【线条长度】为 11，【锐化程度】为 3，单击【确定】按钮，得到如图 9-25 所示的效果。

图 9-23　打开的文件

3 在菜单中执行【效果】→【画笔描边】→【墨水轮廓】命令，弹出如图 9-26 所示的对话框，在其中设定【描边长度】为 1，【深色强度】为 6，【光照强度】为 23，单击【确定】按钮，得到如图 9-27 所示的效果。

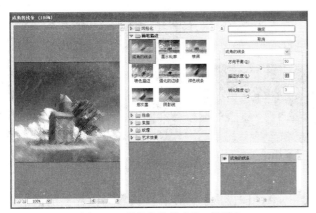

图 9-24　【成角的线条】对话框

图 9-25　执行【成角的线条】命令后的效果

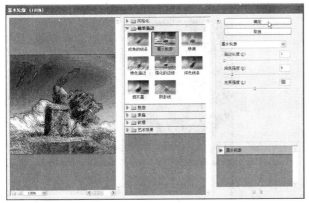

图 9-26　【墨水轮廓】对话框

图 9-27　执行【墨水轮廓】命令后的效果

9.2.3　将图像处理为发散模糊效果

先打开已准备好的图像，再使用效果下的高斯模糊、径向模糊等命令对图像进行处理，以处理出发散模糊效果。本实例制作流程如图 9-28 所示。

1. 打开并选择图像

2. 用高斯模糊命令将图像模糊

3. 用径向模糊命令将图像模糊

图 9-28　流程图

1　按【Ctrl + N】键新建一个文件，在菜单中执行【文件】→【置入】命令，弹出【置入】对话框，在其中取消【链接】复选框的勾选，然后选择要处理的图片（配套光盘\素材库\904.jpg）双击，将其打开到文档中，如图 9-29 所示。

2　在菜单中执行【效果】→【模糊】→【高斯模糊】命令，弹出如图 9-30 所示的对话框，在其中设定【半径】为"3.5"像素，单击【确定】按钮，得到如图 9-31 所示的效果。

图 9-29　打开的文件

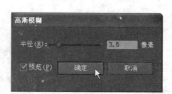

图 9-30　【高斯模糊】对话框

图 9-31　执行【高斯模糊】
命令后的效果

　　3　在菜单中执行【效果】→【模糊】→【径向模糊】命令，在【径向模糊】对话框中设定【数量】为 80，【模糊方法】为缩放，【品质】为好，再移动中心点，如图 9-32 所示，单击【确定】按钮，得到如图 9-33 所示的效果。

图 9-32　【径向模糊】对话框

图 9-33　执行【径向模糊】命令后的效果

9.2.4　将图像处理为素描效果

　　先打开已准备好的图像，再使用效果下的影印、炭精笔等命令对图像进行处理，以处理为素描效果。本实例制作流程如图 9-34 所示。

1. 打开并选择图像

2. 用影印命令将图像处理
为素描效果

3. 用炭精笔命令添加图像
纹理

图 9-34　流程图

　　1　按【Ctrl＋O】键，从配套光盘的素材库中打开一张如图 9-35 所示的图片（配套光盘\ 素材库\905.jpg），并使用选择工具选择它。

　　2　在菜单中执行【效果】→【素描】→【影印】命令，弹出如图 9-36 所示的对话框，在其中设定【细节】为 7，【暗度】为 8，单击【确定】按钮，得到如图 9-37 所示的效果。

图 9-35 打开的文件

图 9-36 【影印】对话框

图 9-37 执行【影印】
命令后的效果

3 在菜单中执行【效果】→【素描】→【炭精笔】命令，在弹出的对话框中设定具体参数，如图 9-38 所示，单击【确定】按钮，如图 9-39 所示的效果。

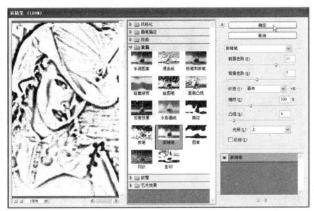

图 9-38 【炭精笔】对话框

图 9-39 执行【炭精笔】命令后的效果

9.2.5 给图像添加画布纹理

先打开已准备好的图像，再用效果下的颗粒、纹理化等命令为图像添加画布纹理效果。本实例的制作流程如图 9-40 所示。

1. 打开开选择图像

2. 用颗粒命令为图像添加颗粒

3. 用纹理化命令为图像添加纹理

图 9-40 流程图

1 按【Ctrl＋O】键打开一张如图 9-41 所示图片（配套光盘\素材库\906.jpg），并使用选择工具选择它。

2　在菜单中执行【效果】→【纹理】→【颗粒】命令，弹出【颗粒】对话框，在其中设定【强度】为 23，【对比度】为 60，【颗粒类型】为常规，如图 9-42 所示，单击【确定】按钮，得到如图 9-43 所示的效果。

3　在菜单中执行【效果】→【纹理】→【纹理化】命令，在弹出的对话框中设定具体参数，如图 9-44 所示，单击【确定】按钮，得到如图 9-45 所示的效果。

图 9-41　打开的文件

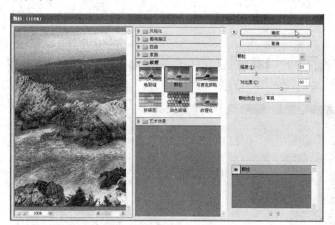

图 9-42　【颗粒】对话框

图 9-43　执行【颗粒】命令后的效果

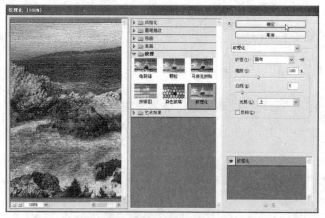

图 9-44　【纹理化】对话框

图 9-45　执行【纹理化】命令后的效果

9.2.6　给图像添加网格纹理

先打开已准备好的图像，再用效果下的晶格化、彩色半调等命令对图像进行处理，以处理出网格纹理效果。本实例的制作流程如图 9-46 所示。

1. 打开并选择图像

2. 用晶格化命令将图像处理为晶格状效果

3. 用彩色半调命令将图像处理为网格纹理效果

图 9-46 流程图

1 按【Ctrl + O】键打开一张如图 9-47 所示的图片（配套光盘\素材库\907.jpg），并使用选择工具选择它。

2 在菜单中执行【效果】→【像素化】→【晶格化】命令，弹出如图 9-48 所示的对话框，在其中设定【单元格大小】为 4，单击【确定】按钮，得到如图 9-49 所示的效果。

图 9-47 打开的文件

图 9-48 【晶格化】对话框

图 9-49 执行【晶格化】命令后的效果

3 在菜单中执行【效果】→【像素化】→【彩色半调】命令，弹出如图 9-50 所示的对话框，在其中设定【最大半径】为 4，单击【确定】按钮，得到如图 9-51 所示的效果。

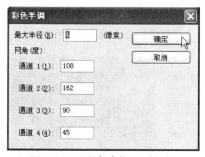

图 9-50 【彩色半调】对话框

图 9-51 执行【彩色半调】命令后的效果

9.2.7 将图像处理为蜡笔效果

先打开已准备好的图像，再用效果下的绘画涂抹、海报边缘、粗糙蜡笔等命令对图像进行处理，以处理出蜡笔画效果。本实例的制作流程如图 9-52 所示。

1. 打开并选择图像　　　　2. 用绘画涂抹命令将图像处理为绘　　　3. 用海报边缘、粗糙蜡笔等命令将图
画效果　　　　　　　　像处理为蜡笔画效果

图 9-52　流程图

1 按【Ctrl + O】键打开一张如图 9-53 所示的图片（配套光盘\素材库\908.jpg），并使用选择工具选择它。

2 在菜单中执行【效果】→【艺术效果】→【绘画涂抹】命令，弹出如图 9-54 所示的对话框，在其中设定【画笔大小】为 8，【锐化程度】为 7，【画笔类型】为简单，单击【确定】按钮，得到如图 9-55 所示的效果。

3 在菜单中执行【效果】→【艺术效果】→【海报边缘】命令，弹出如图 9-56 所示的对话框，在其中设定【边缘厚度】为 4，【边缘强度】为 2，【海报化】为 4，单击【确定】按钮，得到如图 9-57 所示的效果。

图 9-53　打开的文件

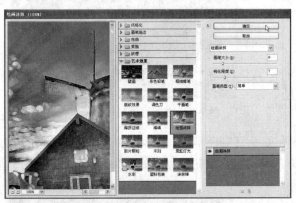

图 9-54　【绘画涂抹】对话框

图 9-55　执行【绘画涂抹】命令后的效果

图 9-56　【海报边缘】对话框

图 9-57　执行【海报边缘】命令后的效果

4 在菜单中执行【效果】→【艺术效果】→【粗糙蜡笔】命令，弹出【粗糙蜡笔】对话框，在其中设定具体参数，如图 9-58 所示，单击【确定】按钮，得到如图 9-59 所示的效果。

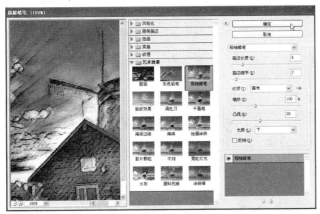

图 9-58 【粗糙蜡笔】对话框

图 9-59 执行【粗糙蜡笔】命令后的效果

9.3 本章小结

本章介绍了在 Illustrator 中将矢量图形转换成位图图像，然后对打开或置入的位图进行效果处理的方法。掌握位图的编辑与处理处理，可以对今后的创作起到事半功倍的效果。并且能激发创作灵感。

9.4 习题

选择题

1. 以下哪个命令能够置换像素，或是查找与强调图像的对比，在选取范围中造成绘画或印象派的效果？ （ ）

　　A. 照亮边缘　　　B. 强化的边缘　　C. 半调图案　　　D. 扩散亮光

2. 以下哪个命令可以仿真半色调网屏的效果，并保留色调的连续范围？ （ ）

　　A. 半色调　　　　B. 半调图案　　　C. 自由扭曲　　　D. 扩散亮光

第 10 章　综合实例

10.1　制作三维立体效果文字

使用文字工具在画面中输入所需的文字，并将文字创建轮廓以对文字进行编辑，从而编辑出所需的艺术效果，然后用【凸出和斜角】命令将文字处理为三维立体效果，最后打开一张图片作为文字的背景。本实例的制作流程如图 10-1 所示。

实例效果如图 10-2 所示。

图 10-1　流程图

1　按【Ctrl＋N】键新建一个文档，在工具箱中选择 T 文字工具，显示【字符】面板，在其中设置【字体】为文鼎 CS 大黑，【字体大小】为 173pt，其他不变，如图 10-3 所示，移动指针到画面中单击，显示光标后再输入文字"卡飞丝"，即可得到如图 10-4 所示的文字效果。

图 10-2　实例效果图　　　　图 10-3　【字符】面板　　　　图 10-4　输入的文字

2　在工具箱中选择 选择工具，在画面中右击文字，在弹出的快捷菜单中执行【创建轮廓】命令，如图 10-5 所示，将文字转换成轮廓，结果如图 10-6 所示。

图 10-5　执行【创建轮廓】命令　　　　图 10-6　将文字转换成轮廓

3 在文字上再次右击，并在弹出的快捷菜单中执行【取消编组】命令，如图 10-7 所示。在画面的空白处单击取消选择，再选择"卡"字，如图 10-8 所示。

图 10-7 执行【取消编组】命令

图 10-8 选择"卡"字

4 在工具箱中设置填色为"#00a0e8"，然后在画面中分别选择"飞"、"丝"字，并先后设置其填色为"#f39700"、"#21ab38"，如图 10-9 所示。

5 在工具箱中选择 直接选择工具，在画面中框选"卡"字的左边部分，如图 10-10 所示，以选择"卡"字的左边部分的锚点，如图 10-11 所示，然后在控制栏中单击 按钮，得到如图 10-12 所示的形状。

图 10-9 给文字填色

图 10-10 框选"卡"字左边部分的状态

图 10-11 框选"卡"字的左边部分

图 10-12 将所选锚点转换为平滑后的效果

6 使用直接选择工具在画面中框选"卡"字的右边部分，如图 10-13 所示，以选择"卡"字的右边部分的锚点，如图 10-14 所示，然后在控制栏中单击 按钮，得到如图 10-15 所示的形状。

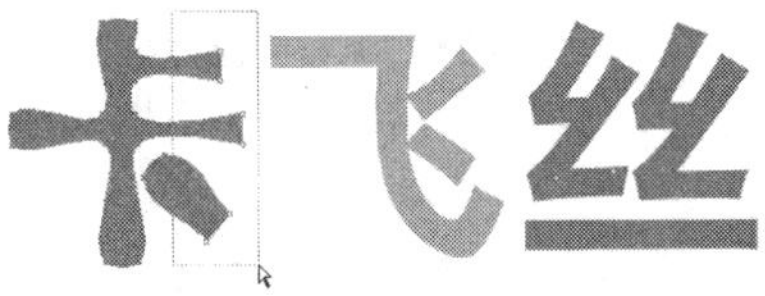

图 10-13 框选"卡"字右边部分的状态

图 10-14 框选"卡"字的右边部分

7 使用同样的方法对"飞"字与"丝"字进行变形，变形后的效果如图 10-16 所示。

图 10-15 将所选锚点转换为平滑后的效果

图 10-16 将所选锚点转换为平滑后的效果

8 选择"丝"字中下边要调整的锚点，如图 10-17 所示，然后拖动控制点到所需的位置，调整"丝"字的形状，如图 10-18 所示。

9 使用步骤 8 同样的方法对其他的锚点进行调整，直至得到所需的形状为止，调整后的结果如图 10-19 所示。

图 10-17 选择要调整的锚点

图 10-18 调整"丝"字的形状

图 10-19 调整"丝"字的形状

10 在菜单中执行【效果】→【3D】→【凸出和斜角】命令，显示【3D 凸出和斜角选项】对话框，在其中设置所需的参数，如图 10-20 所示，画面效果如图 10-21 所示。

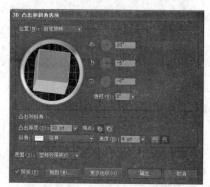

图 10-20 【3D 凸出和斜角选项】对话框

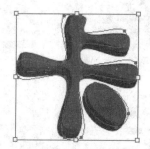

图 10-21 画面效果

11 在【3D 凸出和斜角选项】对话框中单击【更多选项】按钮，显示更多的选项，在其中的塑料效果底纹栏的预览框中单击【新建光源】按钮，添加一个光源并拖动到所需的位置，如图 10-22 所示，设置好后单击【确定】按钮，得到如图 10-23 所示的效果。

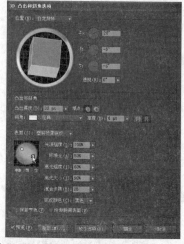

图 10-22 【3D 凸出和斜角选项】对话框

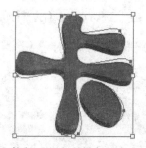

图 10-23 执行【凸出和斜角】命令后的效果

12 在画面中选择"飞"字，使用上面同样的方法为其添加 3D 效果，参数设置如图 10-24
所示，设置好后单击【确定】按钮，得到如图 10-25 所示的效果。

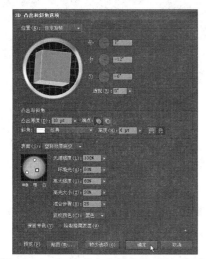

图 10-24　【3D 凸出和斜角选项】对话框

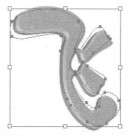

图 10-25　执行【凸出和斜角】命令后的效果

13 在画面中选择"丝"字，使用上面同样的方法为其添加 3D 效果，参数设置如图 10-26
所示，设置好后单击【确定】按钮，得到如图 10-27 所示的效果。

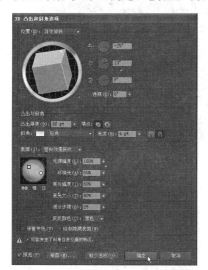

图 10-26　【3D 凸出和斜角选项】对话框

图 10-27　执行【凸出和斜角】命令后的效果

14 在【文件】菜单中执行【置入】命令，
并在【置入】对话框中选择要置入的背景图片，
取消【链接】选项的勾选，单击【置入】按钮，
在弹出的对话框中单击【确定】按钮，置入一
个背景图片，如图 10-28 所示。

15 在图片上右击，在弹出的快捷菜单中执
行【排列】→【置于底层】命令，如图 10-29
所示，将图片置于底层，效果如图 10-30 所示。

图 10-28　置入的背景图片

图 10-29 执行【置于底层】命令

图 10-30 最终效果

10.2 使用实时上色工具创建艺术文字

使用文字工具在画面中输入所需的文字，接着用钢笔工具在画面中绘制出几条曲线，再将文字划分成多片。将文字创建成轮廓与曲线一起进行实时上色，用实时上色工具上好色后添加内发光效果。本实例的制作流程如图 10-31 所示。实例效果如图 10-32 所示。

1. 矩形工具绘制背景并填色，再用文字工具输入所需的文字
2. 用钢笔工具绘制多条曲线以将文字分成几片
3. 将文字转换成轮廓后与曲线同时选择并建立实时上色
4. 将描边颜色设为无
5. 用实时上色工具分别上色
6. 选择实时上色组并添加内发光效果后取消选择后的最终效果图

图 10-31 流程图

1 按【Ctrl＋N】键新建一个文档，设置填色为"#006934"，并选择矩形工具，然后在画面中单击，弹出一个【矩形】对话框，在其中设置【宽度】为 200mm，【高度】为 120mm，如图 10-33 所示，单击【确定】按钮，即可得到一个矩形，如图 10-34 所示。

图 10-32 实例效果图

图 10-33 【矩形】对话框

图 10-34 绘制一个矩形

2 设置填色为"#00A0E9",在工具箱中选择█文字工具,显示【字符】面板,在其中设置所需的字符格式,如图 10-35 所示,设置好后在画面的适当位置单击并输入文字"和谐",如图 10-36 所示。

3 在工具箱中选择 ▧钢笔工具,移动指针到文字上绘制一条曲线,如图 10-37 所示,按【Ctrl】键在空白处单击完成这条曲线的绘制,结果如图 10-38 所示。

4 使用步骤 3 同样的方法绘制多条曲线,绘制好后的效果如图 10-39 所示。

图 10-35 【字符】面板

图 10-36 输入文字

图 10-37 绘制曲线

图 10-38 绘制曲线

图 10-39 绘制曲线

5 使用▨选择工具在文字上右击,并在弹出的快捷菜单中执行【创建轮廓】命令,如图 10-40 所示,将文字创建为轮廓,以便于编辑,结果如图 10-41 所示。

图 10-40 执行【创建轮廓】命令

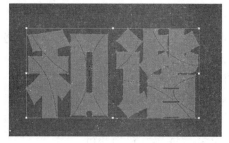

图 10-41 将文字创建成轮廓

6 按【Shift】键单击每一条曲线,以同时选择它们,如图 10-42 所示。

7 在【对象】菜单中执行【实时上色】→【建立】命令,将其他建立为一组,便于上色,结果如图 10-43 所示。

8 显示【颜色】面板,在其中设置描边为无,如图 10-44 所示,将曲线的描边色设为无,画面效果如图 10-45 所示,再在画面的空白处单击,取消选择。

图 10-42　选择文字和曲线

图 10-43　执行【实时上色】下的【建立】命令

图 10-44　【颜色】面板

图 10-45　将曲线的描边色设为无

9　在工具箱中设置填色为"#B28247"，再选择 实时上色工具，然后移动指针到要上色的区域上，当指针呈 状时单击，即可用设置的颜色对该区域进行颜色填充，结果如图 10-46 所示，接着对其他要填充为相同颜色的区域进行单击，以填充相同的颜色，填充好颜色后的效果如图 10-47 所示。

图 10-46　进行颜色填充

图 10-47　进行颜色填充

10　在工具箱中设置颜色为"橘黄色"，再使用步骤 9 同样的方法对要填充为橘黄色的区域进行单击，将其填充为橘黄色，画面效果如图 10-48 所示。

11　在工具箱中设置颜色为"紫色"，再使用步骤 9 同样的方法对要填充为紫色的区域进行单击，将其填充为紫色，画面效果如图 10-49 所示。

图 10-48　进行颜色填充

12　使用选择工具在画面中选择填充颜色的文字，即可选择这个实时上色的组，如图 10-50 所示。

13　在【效果】菜单中执行【风格化】→【内发光】命令，弹出【内发光】对话框，在其中设置所需的参数，如图 10-51 所示，设置好后单击【确定】按钮，得到如图 10-52 所示的效果。

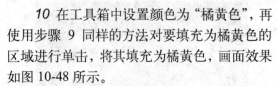

图 10-49　进行颜色填充

图 10-50　选择填充颜色的文字

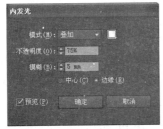

图 10-51　【内发光】对话框

图 10-52　执行【内发光】命令后的效果

10.3　应用图案画笔制作艺术文字

　　使用矩形工具、旋转工具、形状生成器工具、选择工具、【清除】命令、椭圆工具、吸管工具、创建新色板、创建新画笔等命令与工具绘制出所需的画笔图案，再用铅笔工具画出所需的文字并应用新画笔，然后添加内发光效果就行了。本实例的制作流程如图 10-53 所示。实例效果如图 10-54 所示。

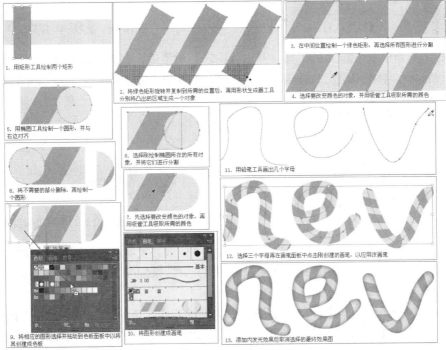

图 10-53　流程图

1　按【Ctrl + N】键新建一个文档，再在工具箱中设置填色为"#F5E527"，选择▢矩形工具，移动指针到绘图区的适当位置单击，弹出一个【矩形】对话框，在其中设置【宽度】为 98mm，【高度】为 22mm，如图 10-55 所示，单击【确定】按钮得到一个固定大小的矩形，如图 10-56 所示。

图 10-54　实例效果图

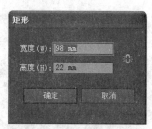

图 10-55　【矩形】对话框

图 10-56　绘制一个矩形

2　设置填色为"#6dba41"，使用矩形工具在矩形上方的适当位置单击，弹出一个【矩形】对话框，在其中设置【宽度】为 15mm，【高度】为 46mm，如图 10-57 所示，单击【确定】按钮得到一个固定大小的矩形，如图 10-58 所示。

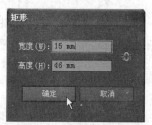

图 10-57　【矩形】对话框

图 10-58　绘制一个矩形

3　在工具箱中双击▨旋转工具，弹出【旋转】对话框，在其中设置【角度】为-30°，如图 10-59 所示，单击【确定】按钮，将刚绘制的矩形进行旋转，结果如图 10-60 所示。

图 10-59　【旋转】对话框

图 10-60　将刚绘制的矩形进行旋转

4　按【Alt + Shift】键将旋转过的矩形向右水平拖移并复制（要注意移动的距离），到适当位置时松开左键，将该矩形复制并移动一定的距离，结果如图 10-61 所示，再按【Ctrl + D】键再制一个副本，结果如图 10-62 所示。

5　按【Ctrl + A】键全选，再选择▨形状生成器工具，在画面中中间矩形的上方拖动，选择上方的 3 个凸出区域，如图 10-63 所示，将其生成一个形状。使用同样的方法将下方的 3 个凸出区域选择，以生成一个形状，如图 10-64 所示。

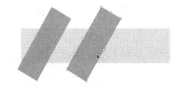
图 10-61　拖移并复制对象

图 10-62　再制一个对象

图 10-63　选择上方的三个凸出区域

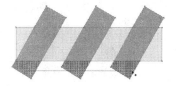
图 10-64　选择下方的三个凸出区域

6　使用 选择工具在画面中选择上部用形状生成器工具生成的形状，如图 10-65 所示，再在键盘上按【Delete】键或在【编辑】菜单中执行【清除】命令将其删除，结果如图 10-66 所示。

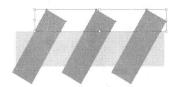
图 10-65　选择上部用形状生成器工具生成的形状

图 10-66　删除选择对象

7　使用选择工具在画面中选择下部用形状生成器工具生成的形状，如图 10-67 所示，在键盘上按【Delete】键将其删除，结果如图 10-68 所示。

图 10-67　选择下部用形状生成器工具生成的形状

图 10-68　删除选择对象

8　在【视图】菜单中执行【智能参考线】命令或按【Ctrl＋U】键，显示智能参考线，如图 10-69 所示。

9　设置填色为绿色，使用矩形工具在画面中间绿色平行四边形的左下顶点处，按下左键向右上顶点拖动，如图 10-70 所示，以绘制出一个矩形，如图 10-71 所示。

图 10-69　执行【智能参考线】命令

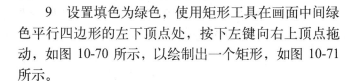
图 10-70　用矩形工具拖动时的状态

图 10-71　绘制一个矩形

10　使用选择工具选择所有图形，显示【路径查找器】面板，在其中单击【分割】按钮，将选择的图形进行分割，如图 10-72 所示。

11 使用 直接选择工具，在画面的空白处单击，取消选择，再按【Shift】键在画面中单击要选择的对象，如图 10-73 所示。

12 使用 吸管工具在画面中吸取所需的颜色，将选择的对象进行颜色填充，如图 10-74 所示。

图 10-73　选择对象

图 10-72　将选择的图形进行分割

图 10-74　吸取所需的颜色

13 使用 直接选择工具，并按【Shift】键单击中间的绿色平行四边形，以同时选择 3 个对象，如图 10-75 所示，然后将其向下拖动到适当位置，如图 10-76 所示。

图 10-75　选择对象

图 10-76　拖动对象

14 取消选择，设置填色为黄色，选择 椭圆工具，在上方左边图形的右边找到中点，如图 10-77 所示。按住【Alt + Shift】键拖动鼠标，绘制出一个圆形，如图 10-78 所示。

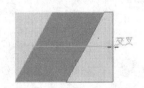

图 10-77　找到对象的中点

图 10-78　绘制一个圆形

15 使用 直接选择工具框选绘制的圆形的左边图形，在【路径查找器】面板中单击【分割】按钮，将其分割，如图 10-79 所示。

16 在空白处单击取消选择，选择要填充颜色的对象，如图 10-80 所示，然后使用 吸管工具在画面中单击绿色，将选择对象填充为绿色，结果如图 10-81 所示。

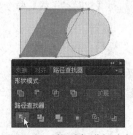

图 10-79　将对象进行分割

图 10-80　选择要填充颜色的对象

图 10-81　将选择对象填充为绿色

17 使用 直接选择工具在画面中选择要删除的对象，如图 10-82 所示，然后按【Delete】

键将选择的对象删除，结果如图 10-83 所示。

图 10-82 选择要删除的对象　　　　　　图 10-83 将选择对象删除后的结果

18 使用同样的方法，在上方右边图形的左边找到中点，按【Alt + Shift】键拖动，绘制出一个圆形，如图 10-84 所示。同样使用直接选择工具框选绘制的圆形，在【路径查找器】面板中单击【分割】按钮，将其分割，分割后将不需要的对象删除，得到如图 10-85 所示的图形。

19 使用直接选择工具将拖动到下方的图形再次拖动到原来的位置，并对两个半圆进行适当的调整，调整后的效果如图 10-86 所示。

图 10-84 绘制一个圆形　　图 10-85 分割删除对象后的结果　　图 10-86 对两个半圆进行适当的调整

20 使用选择工具框选左边的半圆，直接拖动到【色板】面板中相应的位置，如图 10-87 所示，即可将其添加到【色板】面板中，结果如图 10-88 所示。

21 使用同样的方法将右边的半圆也添加到【色板】面板中，如图 10-89 所示。

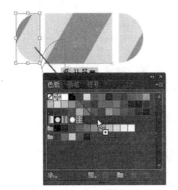
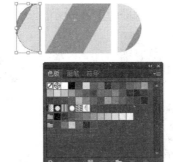
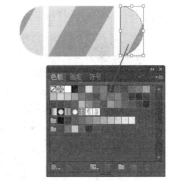

图 10-87 将半圆添加到【色板】　　图 10-88 将半圆添加到【色板】　　图 10-89 将半圆添加到【色板】
　　　　　面板中　　　　　　　　　　　　面板中　　　　　　　　　　　　面板中

22 使用选择工具在画面中选择两个半圆中间的图形，如图 10-90 所示，在【画笔】面板中单击【新建画笔】按钮，如图 10-91 所示，弹出【新建画笔】对话框，在其中选择【图案画笔】选项，如图 10-92 所示，单击【确定】按钮，弹出【图案画笔选项】对话框，在其中设置所需的参数，如图 10-93 所示。

图 10-90 选择两个半圆中间的图形

23 在【图案画笔选项】对话框中单击第 4 个方框即起点，也就是标为①的方框，再在下方大框中选择新建图案色板 3（标为②的选项），如图 10-94 所示。

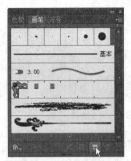

图 10-91 在【画笔】面板中单击【新建画笔】按钮

图 10-92 【新建画笔】对话框

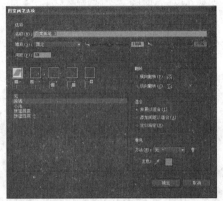

图 10-93 【图案画笔选项】对话框

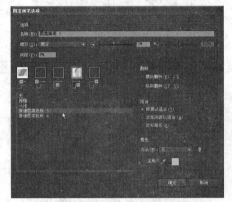

图 10-94 【图案画笔选项】对话框

24 在【图案画笔选项】对话框中单击第 5 个方框（即终点），也就是标为③的方框，在下方大框中选择新建图案色板 4（标为④的选项），如图 10-95 所示，设置好后单击【确定】按钮，将其添加到【画笔】面板中，如图 10-96 所示。

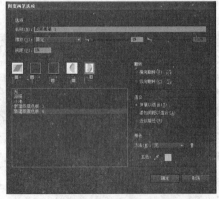

图 10-95 【图案画笔选项】对话框

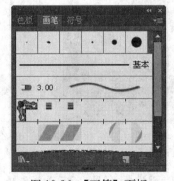

图 10-96 【画笔】面板

25 在工具箱中选择 铅笔工具，并在画面中写几个字母，如图 10-97 所示。

26 使用选择工具框选写的几个字母，如图 10-98 所示。

图 10-97 在画面中写几个字母

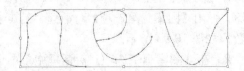

图 10-98 框选刚写的几个字母

27 在【画笔】面板中单击创建的画笔，将创建的画笔应用到所绘制的线条上，如图 10-99 所示。

图 10-99 将创建的画笔应用到所绘制的线条上

28 在【效果】菜单中执行【风格化】→【内发光】命令，弹出【内发光】对话框，在其中设置颜色为"#109309"，【模糊】为 6.35mm，其他不变，如图 10-100 所示，单击【确定】按钮，得到如图 10-101 所示的效果。画笔描边艺术字就绘制完成了。

图 10-100 【内发光】对话框

图 10-101 最终效果

10.4 制作立体特效字

先用文字工具输入所需的文字，再用创建轮廓、直接选择工具、混合工具、复制与粘贴、选择工具等命令与工具绘制立体特效字，再用置入与置于底层命令将图片置于底层，这样，就制作出立体特效字了。本实例的制作流程如图 10-102 所示。实例效果如图 10-103 所示。

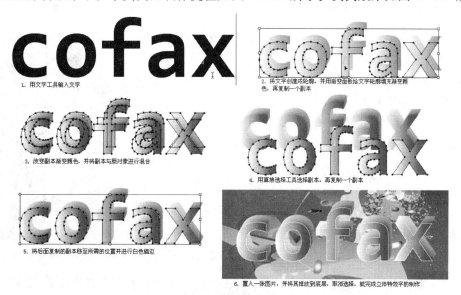

图 10-102 流程图

1 按【Ctrl + N】键新建一个文档，在工具箱中选择文字工具，并在【字符】面板中设置所需的字符格式，然后在画面中单击并输入文字"cofax"，如图 10-104 所示。

2 在工具箱中选择选择工具，并在文字上右击，在快捷菜单中选择【创建轮廓】命令，如图 10-105 所示，将文字转换为轮廓，结果如图 10-106 所示。

图 10-103　实例效果图

图 10-104　输入文字

图 10-105　执行【创建轮廓】命令

3 显示【渐变】面板，并在其中编辑所需的渐变颜色，给文字进行渐变填充，如图 10-107 所示。

图 10-106　将文字转换为轮廓

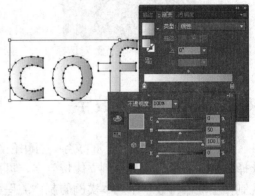

图 10-107　给文字进行渐变填充

4 在键盘上按下【Alt】键，移动指针到文字上按下左键向左下方拖移一点，到达所需的位置后松开左键与【Alt】键即可复制一个副本，结果如图 10-108 所示。

5 显示【渐变】面板，在其中设置所需的渐变颜色，以改变文字的渐变颜色，如图 10-109 所示。

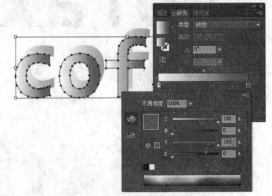

图 10-108　拖移并复制一个副本

图 10-109　改变文字的渐变颜色

6 在工具箱中双击　混合工具，弹出【混合选项】对话框，在其中设置【间距】为指定的步数，步数为 25，其他不变，如图 10-110 所示，单击【确定】按钮。在选择的对象上

单击，移动指针到另一个要混合的对象上，当指针呈 + 状时单击，将所单击的两个对象进行混合，效果如图 10-111 所示。

图 10-110　【混合选项】对话框

图 10-111　将所单击的两个对象进行混合

7　在工具箱中选择 直接选择工具，再按【Shift】键在画面中依次单击上层的文字，以选择它们，如图 10-112 所示，按【Ctrl＋C】键进行复制。

8　按【Ctrl＋V】键进行粘贴以复制出一个副本，如图 10-113 所示，再将其拖动到与原文字进行对齐，画面效果如图 10-114 所示。

图 10-112　选择并复制文字

图 10-113　复制一个副本

9　在工具箱中设置描边为白色 ，在控制栏中设置【描边】为 1pt，得到如图 10-115 所示的效果。

图 10-114　拖动到与原文字进行对齐

图 10-115　给文字进行描边

10　在【文件】菜单中执行【置入】命令，在【置入】对话框中选择要置入的背景图片，再取消【链接】选项的勾选，单击【置入】按钮，在弹出的对话框中单击【确定】按钮，置入一个背景图片，如图 10-116 所示。

11　在图片上右击，在弹出的快捷菜单中执行【排列】→【置于底层】命令，如图 10-117 所示，即可将图片置于底层，结果如图 10-118 所示。在画面的空白处单击取消选择，即可得到最终效果，如图 10-119 所示。

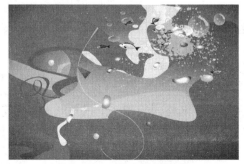

图 10-116　置入背景图片

图 10-117　执行【置于底层】命令

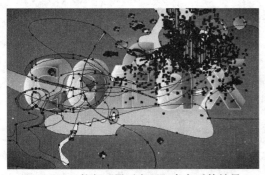

图 10-118　执行【置于底层】命令后的效果

图 10-119　最终效果图

10.5　标志设计

　　先想好要绘制标志所要表达的主题思想，再用矩形网格工具绘制一个网格作为参考，然后用椭圆工具、钢笔工具、文字工具绘制出标志。本实例的制作流程如图 10-120 所示。实例效果如图 10-121 所示。

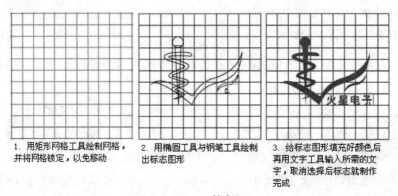

1. 用矩形网格工具绘制网格，并将网格锁定，以免移动

2. 用椭圆工具与钢笔工具绘制出标志图形

3. 给标志图形填充好颜色后再用文字工具输入所需的文字，取消选择后标志就制作完成

图 10-120　流程图

　　1　按【Ctrl + N】键新建一个文档，在工具箱中选择█矩形网格工具，移动指针到画面中适当位置单击，弹出【矩形网格工具选项】对话框，在其中设置【宽度】为 80mm，【高度】为 80mm，水平分隔线的数量为 10，垂直分隔线的数量为 10，其他不变，如图 10-122 所示，设置好后单击【确定】按钮，得到一个指定大小的网格，如图 10-123 所示。

　　2　在【对象】菜单中执行【锁定】→【所选对象】命令，将网格锁定，以免误移动，再选择椭圆工具，然后在网格中的一个格子左上角向右下角拖动时按下【Shift】键绘制一个圆形，结果如图 10-124 所示。

图 10-121　实例效果图

　　3　在工具箱中选择▨钢笔工具，移动指针到画面中网格内绘制一个三角形，并使其与圆形有相交部分，如图 10-125 所示。使用钢笔工具在三角形上绘制一个蛇形图形，如图 10-126 所示。

　　4　使用钢笔工具分别绘制两个图形，如图 10-127、图 10-128 所示。

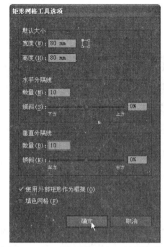

图 10-122　【矩形网格工具选项】
对话框

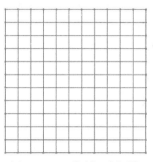

图 10-123　绘制一个网格

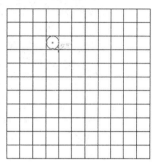

图 10-124　绘制一个圆形

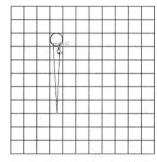

图 10-125　绘制一个三角形

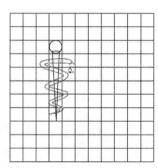

图 10-126　绘制一个蛇形图形

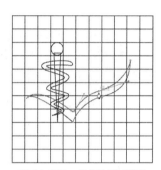

图 10-127　绘制辅助图形

    5　使用选择工具选择网格上的标志图形，再在工具箱中设置填色为"C：23.9、M：95.95、Y：97.15、K：0"，将描边设为无，清除描边色，如图 10-129 所示。

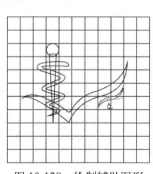

图 10-128　绘制辅助图形

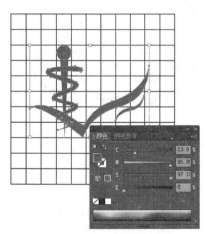

图 10-129　设置填色

    6　在工具箱中选择文字工具，在【字符】面板中设置所需的字符格式，如图 10-130 所示，再在画面中适当位置单击并输入所需的文字，如图 10-131 所示。这标志就设计完成了。

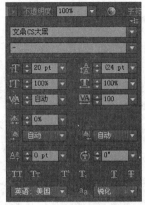

图 10-130 【字符】面板

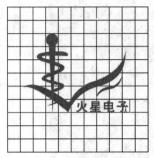

图 10-131 最终效果图

10.6 圆形标志

先想好要绘制标志所要表达的主题思想，再用椭圆工具绘制一个圆形，再对圆形进行复制与调整大小并填充相应的颜色，然后用文字工具、星形工具、钢笔工具绘制出标志图形中所需的内容。本实例的制作流程如图 10-132 所示。实例效果如图 10-133 所示。

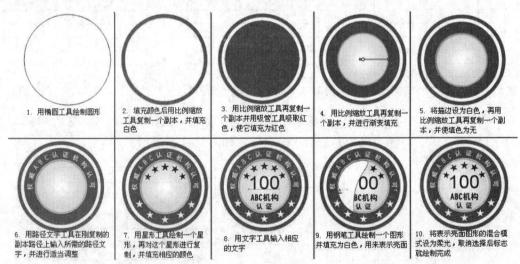

图 10-132 流程图

1 按【Ctrl＋N】键新建一个文档，在工具箱中选择椭圆工具，接着在画面中适当位置单击，弹出一个【椭圆】对话框，在其中设置【宽度】为70mm，【高度】为70mm，如图 10-134 所示，单击【确定】按钮，得到一个指定大小的圆形，如图 10-135 所示。

2 在【颜色】面板中设置填色为"C：14.9、M：93.73、Y：100、K：0"，描边为无，给圆形进行颜色填充，如图 10-136 所示。

图 10-133 实例效果图

图 10-134　【椭圆】对话框

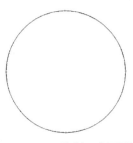

图 10-135　绘制一个圆形

图 10-136　给圆形进行颜色填充

　　3　在工具箱中双击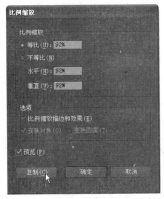比例缩放工具，弹出【比例缩放】对话框，在其中设置【等比】为 92%，其他不变，如图 10-137 所示，单击【复制】按钮，复制一个副本，结果如图 10-138 所示。在【颜色】面板中设置填色为白色，以将其填充为白色，画面效果如图 10-139 所示。

图 10-137　【比例缩放】对话框

图 10-138　复制一个副本

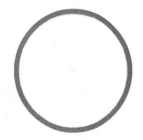

图 10-139　将副本填充为白色

　　4　在工具箱中双击比例缩放工具，弹出【比例缩放】对话框，在其中设置【等比】为 92%，其他不变，如图 10-140 所示，单击【复制】按钮复制一个副本，结果如图 10-141 所示。

　　5　在工具箱中选择吸管工具，移动指针到最大的红色圆环上单击，以吸取该颜色，同时给选择的圆进行颜色填充，画面效果如图 10-142 所示。

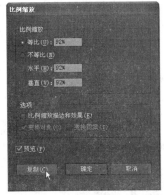

图 10-140　【比例缩放】对话框

图 10-141　复制一个副本

图 10-142　给选择的圆进行
颜色填充

6 使用同样的方法再复制一个圆形，在【比例缩放】对话框中设置【等比】为 70%，其他操作一样，然后显示【渐变】面板，在其中编辑所需的渐变颜色，如图 10-143 所示，编辑好渐变颜色后的画面效果如图 10-144 所示。

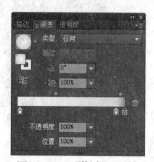

图 10-143 【渐变】面板

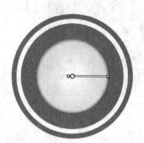

图 10-144 填充渐变颜色后的画面效果

色标 1 的颜色为白色；色标 2 的颜色为 "C: 7.84、M: 0、Y: 61.98、K: 0"；色标 3 的颜色为 "C: 0、M: 73.33、Y: 79.63、K: 0"。

7 在【颜色】面板中设置描边颜色为白色，如图 10-145 所示。

8 在工具箱中双击█比例缩放工具，弹出【比例缩放】对话框，在其中设置【等比】为 100%，其他不变，如图 10-146 所示，单击【复制】按钮复制一个副本，再设填色为无。

图 10-145 设置描边颜色为白色

图 10-146 【比例缩放】对话框

9 在工具箱中选择█路径文字工具，接着移动指针到路径上，当指针呈 ᠄状（如图 10-147 所示）时单击并输入所需的文字，输入好文字后的画面效果如图 10-148 所示。

图 10-147 移动指针到路径上时的状态

图 10-148 输入好文字后的画面效果

10 按【Ctrl＋A】键全选文字，在【字符】面板中设置所需的字符格式，如图 10-149 所示，得到如图 10-150 所示的效果。

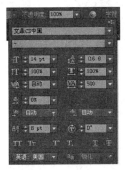

图 10-149　【字符】面板

图 10-150　设置字符格式后的效果

11 在工具箱选择 选择工具确认文字输入，移动指针到选框右上角，当指针呈 状时按下左键进行拖动，将文字旋转移动到所需的位置，如图 10-151 所示，调整好后在空白处单击取消选择，画面效果如图 10-152 所示。

图 10-151　将文字旋转到所需的位置

图 10-152　旋转后的效果

12 在工具箱中选择星形工具，移动指针到画面的适当位置单击，弹出【星形】对话框，在其中设置【半径 1】为 3.2mm，【半径 2】为 1.2mm，【角点数】为 5，如图 10-153 所示，设置好后单击【确定】按钮，得到如图 10-154 所示的效果。

图 10-153　【星形】对话框

图 10-154　绘制星形

13 在工具箱中选择 选择工具，在键盘上按【Alt】键将星形向右上方拖动，以复制一个副本，画面效果如图 10-155 所示。使用同样的方法再复制一个副本，画面效果如图 10-156 所示。

14 按【Shift】键在画面中单击另一个副本，以同时选择两个副本，如图 10-157 所示。接着在工具箱中选择 镜像工具，并将镜像中心点拖动到适当位置，如图 10-158 所示。

图 10-155　拖动并复制一个副本

图 10-156　复制一个副本

图 10-157　选择两个副本

图 10-158　拖动镜像中心点到适当位置

15 按住【Alt】键将选择的两个副本进行复制并移动到左边，拖动时的状态如图 10-159 所示，松开左键与【Alt】键后的结果如图 10-160 所示。

图 10-159　拖动并复制时的状态

图 10-160　拖动并复制后的效果

16 在画面的空白处单击取消选择，再设置填色为"#052353"，然后使用同样的方法绘制出 5 个五角星，绘制好后的效果如图 10-161 所示。

17 使用文字工具在画面中依次输入所需的文字，并根据需要设置所需的字符格式，设置好后的画面效果如图 10-162 所示。

图 10-161　绘制好的五角星

图 10-162　输入所需的文字

18 使用钢笔工具在画面中绘制一个月牙形路径，如图 10-163 所示，再设置填色为白色，将其填充为白色，画面效果如图 10-164 所示。

图 10-163　绘制月牙形路径　　　　　　　　　图 10-164　填充为白色

19 显示【透明度】面板，在其中设置【混合模式】为柔光，如图 10-165 所示，即可将月牙形图形融入到画面中，再在画面的空白处单击取消选择，画面效果如图 10-166 所示。标志就绘制完成了。

图 10-165　【透明度】面板　　　　　　　　　图 10-166　最终效果图

10.7　绘制儿童营养奶瓶

先想好要用什么款式的瓶子，再用钢笔工具绘制出瓶子的截面，接着打开已经准备好的标签图，再用 3D 绕转命令将其处理为立体模型并贴图。本实例的制作流程如图 10-167 所示。实例效果如图 10-168 所示。

1.绘制营养奶瓶的截面图　　　2.将置入的图片创建为符号

3.执行3D绕转命令后　　4.执行3D绕转命令并贴　　5.营养奶瓶的最终效果
的预览效果　　　　　　图后的效果

图 10-167　流程图　　　　　　　　　　　　图 10-168　实例效果图

1 按【Ctrl＋N】键新建一个文档，再使用钢笔工具在画面中绘制瓶身的截面图，如图 10-169 所示。

2 显示【色板】面板，在其中设置描边颜色为淡灰色，如图 10-170 所示。

3 使用钢笔工具在瓶身上方绘制一个瓶盖的截面图，如图 10-171 所示。

4 在【文件】菜单中执行【置入】命令，弹出【置入】对话框，如图 10-172 所示，在其中选择所需的图片，再取消【链接】选项的勾选，然后单击【置入】按钮，将选择的图片置入到画面中，如图 10-173 所示。

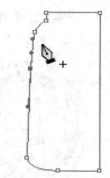

图 10-169　绘制瓶身的截面图

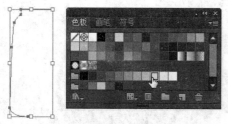

图 10-170　设置描边颜色为淡灰色

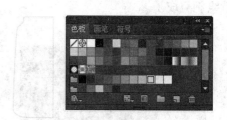

图 10-171　绘制瓶盖的截面图

图 10-172　【置入】对话框

图 10-173　将图片置入到画面中

5 显示【符号】面板，在其中单击▣（新建符号）按钮，弹出如图 10-174 所示的【符号选项】对话框，直接单击【确定】按钮，将选择的图片创建成符号，同时【符号】面板中生成了一个符号，如图 10-175 所示。

6 执行【置入】命令，在弹出的对话框中选择要置入的 PSD 文档，如图 10-176 所示，单击【置入】按钮，弹出一个【Photoshop 导入选项】对话框，如图 10-177 所示，直接单击【确定】按钮，将选择的文档置入到画面中，如图 10-178 所示。

图 10-174　【符号选项】对话框

图 10-175　【符号】面板

图 10-176　【置入】对话框

图 10-177　【Photoshop 导入
选项】对话框

图 10-178　将图片置入到
画面中

7　在【符号】面板中单击 （新建符号）按钮，弹出如图 10-179 所示的【符号选项】对话框，单击【确定】按钮，将选择的图片创建成符号，【符号】面板中就添加了一个符号，如图 10-180 所示。

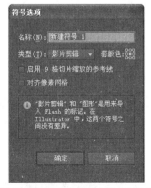

图 10-179　【符号选项】对话框

图 10-180　【符号】面板

8　使用选择工具在画面中选择瓶身，如图 10-181 所示，在【效果】菜单中执行【3D】→【绕转】命令，弹出【3D 绕转选项】对话框，在其中设置所需的参数，如图 10-182 所示，画面预览效果如图 10-183 所示。

图 10-181　选择瓶身

图 10-182　【3D 绕转选项】对话框

图 10-183　画面预览效果

9 在对话框中单击【贴图】按钮，弹出【贴图】对话框，在其中单击▶按钮，选择要贴图的面，如图 10-184 所示，在【符号】列表中选择所需的符号，如图 10-185 所示。

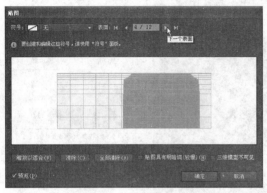

图 10-184　【贴图】对话框

图 10-185　【贴图】对话框

10 单击【缩放以适合】按钮，使图适合模型要贴的面，如图 10-186 所示，单击【确定】按钮，将选择的图贴到指定的面上了，画面效果如图 10-187 所示。

图 10-186　【贴图】对话框

图 10-187　执行【绕转】命令后的效果

11 使用选择工具选择表示盖的图形，如图 10-188 所示，在【效果】菜单中执行【3D】→【绕转】命令，弹出【3D 绕转选项】对话框，在其中设置所需的参数，画面预览效果如图 10-189 所示。

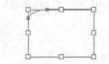

图 10-188　选择表示盖的图形

12 在对话框中单击【贴图】按钮，弹出【贴图】对话框，在其中单击▶按钮，选择要贴图的面，再在符号列表中选择所需的符号，如图 10-190 所示。

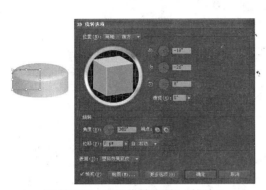

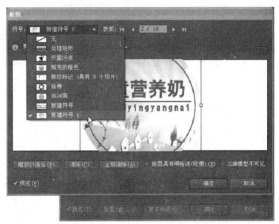

图 10-189 【3D 绕转选项】对话框　　　　　　　　图 10-190 【贴图】对话框

13 单击【缩放以适合】按钮，使图适合模型要贴的面，如图 10-191 所示，单击【确定】按钮，将选择的图贴到指定的面上了，画面效果如图 10-192 所示。

14 使用选择工具将瓶盖移动到瓶身上，如图 10-193 所示。儿童奶瓶的效果图就制作完成了。

图 10-192 执行【绕转】命令后的效果

图 10-191 【贴图】对话框

图 10-193 最终效果图

10.8 产品说明书的封面设计

先用矩形工具与填色功能绘制出背景颜色，再用圆角矩形工具与修剪工具绘制出网格效果并置入所需的图片，然后用文字工具、置入等工具与命令为画面添加标志与相关说明文字。本实例的制作流程如图 10-194 所示。实例效果如图 10-195 所示。

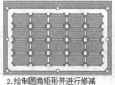

2.绘制圆角矩形并进行修减

3.置入图片并后移

1.绘制一个矩形，以确定封面大小

4.复制标志并设置不透明度

5.复制标志和公司名称

6.封面设计最终效果图

图 10-194　流程图

图 10-195　实例效果图

　　1　按【Ctrl + N】键新建一个文档，在工具箱中设置填色为 "#f5ab28"，再选择矩形工具，在画面中单击弹出【矩形】对话框，在其中设置【宽度】为 95mm，【高度】为 130mm，如图 10-196 所示，设置好后单击【确定】按钮，得到一个固定大小的矩形，如图 10-197 所示。

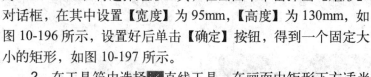

图 10-196　【矩形】对话框

　　2　在工具箱中选择　直线工具，在画面中矩形下方适当位置绘制一条直线，如图 10-198 所示，选择选择工具，在键盘上按【Alt + Shift】键将直线向上拖动到适当位置，以复制一条直线，如图 10-199 所示。

图 10-197　绘制矩形　　　　　图 10-198　绘制一条直线　　　　图 10-199　拖动并复制一条直线

　　3　在工具箱中双击　混合工具，弹出【混合选项】对话框，在其中设置指定的步数为 80，如图 10-200 所示，单击【确定】按钮。移动指针到选择的直线上单击，然后移动到另一条直线上单击，将两条直线混合起来了，画面效果如图 10-201 所示。

　　4　在工具箱中选择　圆角矩形工具，在画面中绘制一个圆角矩形，并将其填充为白色，

绘制好后的画面效果如图 10-202 所示。

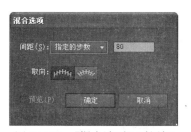

图 10-200 【混合选项】对话框

图 10-201 将两条直线混合后的效果

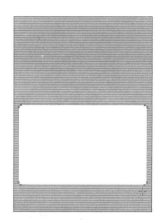

图 10-202 绘制一个圆角矩形

5 使用圆角矩形工具在白色圆角矩形上绘制一个小圆角矩形，并填充为草绿色，如图 10-203 所示。选择选择工具，按【Alt + Shift 】键拖动小圆角矩形到适当位置，以复制一个副本，画面效果如图 10-204 所示。

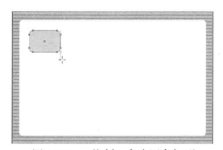

图 10-203 绘制一个小圆角矩形

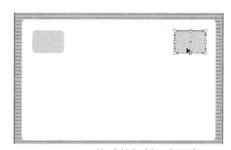

图 10-204 拖动并复制一个副本

6 在工具箱中双击 混合工具，弹出【混合选项】对话框，在其中设置指定的步数为 3，如图 10-205 所示，单击【确定】按钮，再移动指针到选择的小圆角矩形上单击，然后移动到另一个小圆角矩形上单击，将两个小圆角矩形混合起来了，画面效果如图 10-206 所示。

图 10-205 【混合选项】对话框

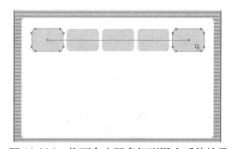

图 10-206 将两个小圆角矩形混合后的效果

7 使用选择工具选择混合对象，如图 10-207 所示，再按【Alt + Shift 】键拖动混合对象向下至适当位置，以复制一个混合对象，如图 10-208 所示。

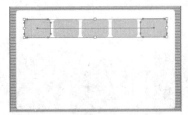

图 10-207 选择混合对象

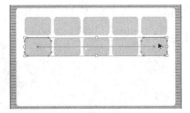

图 10-208 拖动并复制混合对象

8 按【Ctrl＋D】键两次复制两个混合对象，复制好后的效果如图 10-209 所示。按【Shift】键在画面中单击要选择的对象，以同时选择它们，如图 10-210 所示。

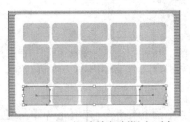

图 10-209 拖动并复制混合对象

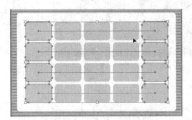

图 10-210 选择对象

9 在【对象】菜单中执行【混合】→【扩展】命令，将选择的混合对象扩展，以便于后面的裁剪，画面效果如图 10-211 所示。

10 按【Shift】键选择在画面中单击白色圆角矩形，以同时选择它们，如图 10-212 所示。

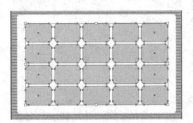

图 10-211 将选择的混合对象扩展

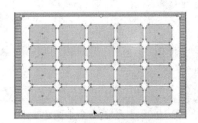

图 10-212 选择对象

11 显示【路径查找器】面板，并在其中单击【减去顶层】按钮，将白色圆角矩形进行修剪，如图 10-213 所示。

12 在【文件】菜单中执行【置入】命令，在【置入】对话框中选择要置入的图片，单击【置入】按钮，将选择的图片置入到画面中，如图 10-214 所示。

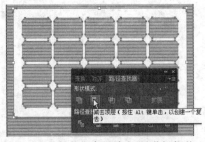

图 10-213 将白色圆角矩形进行修剪

图 10-214 将图片置入到画面中

13 在图片上右击，在弹出的快捷菜单中执行【后移一层】命令，如图 10-215 所示，将图片后移一层，取消选择后的效果，如图 10-216 所示。

图 10-215　执行【后移一层】命令

图 10-216　执行【后移一层】命令后的效果

14 打开前面绘制好的标志，如图 10-217 所示，然后使用选择工具将标志选择，按【Ctrl + C】键执行【复制】命令，再激活正在编辑的文件，按【Ctrl + V 】键将复制的内容粘贴到我们的画面中，调整大小后的效果如图 10-218 所示。

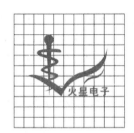

图 10-217　打开绘制好的标志

图 10-218　复制并粘贴标志到画面中

15 按【Ctrl + [】键将选择的标志后移一层，画面效果如图 10-219 所示，再将其填充为白色，填充颜色后的效果如图 10-220 所示。

图 10-219　将选择的标志后移一层

图 10-220　填充颜色后的效果

16 在控制栏中设置【不透明度】为 15%，得到如图 10-221 所示的效果。

17 按【Ctrl + V】键将复制的内容进行粘贴，以得到另一个副本，调整大小后的画面效果如图 10-222 所示。

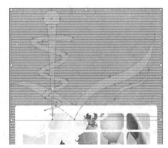

图 10-221　设置【不透明度】后的效果

图 10-222　复制标志到画面中

18 在工具箱中设置填色为"#C32822",再选择文字工具，在画面的适当位置单击并输入所需的文字，然后根据需要设置所需的字符格式，设置好格式后的画面效果如图 10-223 所示。

19 在工具箱中选择■矩形工具，接着在画面中文字之间绘制一个长条矩形，如图 10-224 所示。

图 10-223　输入文字

图 10-224　绘制一个长条矩形

20 按【Shift】键在画面中单击要编成一组的对象，以同时选择它们，然后在其上右击，在弹出的快捷菜单中选择【编组】命令，如图 10-225 所示，即可将选择的对象编成一组。

21 在控制栏中设置【描边】为白色，【描边】为 2pt，给文字对象进行白色描边，画面效果如图 10-226 所示。

图 10-225　执行【编组】命令

图 10-226　给文字对象进行白色描边

22 在工具箱中双击比例缩放工具，弹出【比例缩放】对话框，在其中设置【等比】为 100%，其他不变，如图 10-227 所示，单击【复制】按钮即可得到一个副本。

23 在控制栏中设置【描边】为无，如图 10-228 所示，得到如图 10-229 所示的效果。

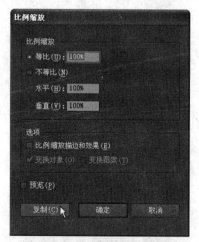
图 10-227　【比例缩放】对话框

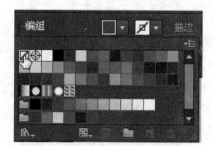
图 10-228　设置【描边】为无

图 10-229　设置【描边】为无后的效果

24 使用同样方法将标志图形与文字复制一个到右上角，并将它们填充为白色，画面效果如图 10-230 所示。产品说明书的封面设计就制作完成了。

图 10-230　最终效果图

10.9　前台设计

先想好要在前面摆放什么款式的柜台，背景颜色是哪种颜色的，再用矩形工具、渐变面板、渐变工具、填色等工具与命令绘制出柜台与背景，然后用钢笔工具绘制出几盏灯，最后打开所需的素材以装饰画面。本实例的制作流程如图 10-231 所示。实例效果如图 10-232 所示。

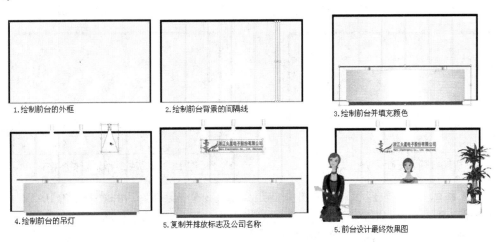

1.绘制前台的外框　　　2.绘制前台背景的间隔线　　　3.绘制前台并填充颜色

4.绘制前台的吊灯　　　5.复制并排放标志及公司名称　　　5.前台设计最终效果图

图 10-231　流程图

1　按【Ctrl＋N】键新建一个文档，在工具箱中设置填色为黑色，再选择矩形工具，在画面的适当位置单击，弹出一个【矩形】对话框，在其中设置【宽度】为 194mm，【高度】为 111mm，如图 10-233 所示，单击【确定】按钮得到一个黑色的矩形，如图10-234 所示。

图 10-232　实例效果图

图 10-233 【矩形】对话框

图 10-234 绘制一个矩形

2 在工具箱中设置填色为 "#EFEFEF"，选择矩形工具在画面的适当位置单击，弹出一个【矩形】对话框，在其中设置【宽度】为 190mm，【高度】为 107mm，如图 10-235 所示，单击【确定】按钮，得到一个淡灰色的矩形，如图 10-236 所示。

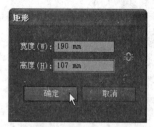

图 10-235 【矩形】对话框

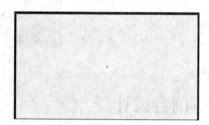

图 10-236 绘制一个矩形

3 在工具箱中选择 ■ 矩形工具，在控制栏 ■ ■ ■ 0.1 pt ■ 等比 ■ 基本 中设置填色为白色，描边为黑色，【描边】为 0.1pt，然后在画面中淡灰色矩形上绘制一个长条矩形，如图 10-237 所示。

4 按【Ctrl + Alt + Shift】键将长条矩形向右拖动到适当位置，如图 10-238 所示。

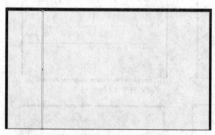

图 10-237 绘制一个长条矩形

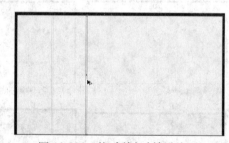

图 10-238 拖动并复制长条矩形

5 按【Ctrl + D】键 3 次，将长条矩形等距离复制 3 个，复制好后的效果如图 10-239 所示。

6 在工具箱中选择 ■ 矩形工具，在控制栏中设置【描边】为 0.15pt，然后在画面中适当位置绘制一个矩形，如图 10-240 所示。

图 10-239 拖动并复制长条矩形

图 10-240 绘制一个矩形

7 显示【渐变】面板，在其中设置所需的渐变颜色，如图 10-241 所示，得到如图 10-242 所示的效果。

8 使用同样的方法绘制两个矩形，如图 10-243 所示。

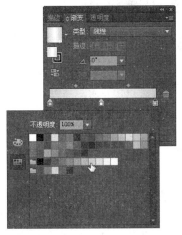

图 10-241 【渐变】面板

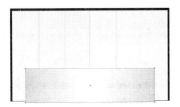

图 10-242 进行渐变填充

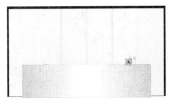

图 10-243 绘制两个矩形

9 在【渐变】面板中设置所需的渐变颜色，如图 10-244 所示，即可对选择的矩形进行渐变填充。在画面中选择另一个矩形，填充相同渐变后，在【渐变】面板中设置【角度】为 –180°，渐变效果如图 10-245 所示。

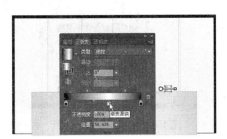

图 10-244 进行渐变填充

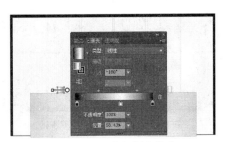

图 10-245 进行渐变填充

10 使用矩形工具在画面中两个表示柱子的上边绘制一个长矩形，用来表示桌面，在桌子下边绘制一个长矩形，如图 10-246 所示。按住【Shift】键单击表示桌面的图形，以同时选择它们，再设置填色为 "#C32822"，得到如图 10-247 所示的效果。

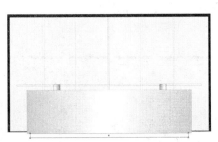

图 10-246 绘制长矩形

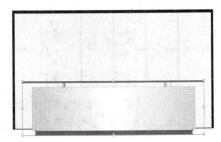

图 10-247 填充颜色

11 使用矩形工具在黑色矩形上绘制一个矩形，如图 10-248 所示。

12 显示【渐变】面板，在其中设置所需的渐变颜色，如图 10-249 所示。

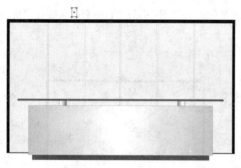

图 10-248　绘制矩形

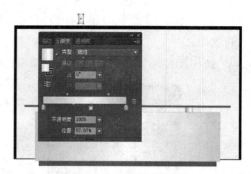

图 10-249　进行渐变填充

左边、右边色标为"K：30"，中间色标为白色。

13 使用钢笔工具在画面中绘制一个三角形，表示光照范围，如图 10-250 所示。

14 在【颜色】面板中将描边设为无，清除描边颜色，并在【渐变】面板中设置所需的渐变颜色，如图 10-251 所示，再使用渐变工具在画面中进行拖动，调整渐变方向，如图 10-252 所示。

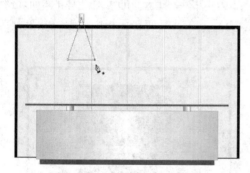

图 10-250　绘制一个三角形

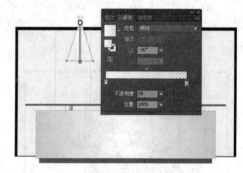

图 10-251　进行渐变填充

左边色标为白色，右边色标为"K：10"。

15 按住【Shift】键使用选择工具选择绘制的表示光源的图形，按【Alt + Shift】键将选择的图形依次向右拖动，以复制两个副本，移动并复制后的效果如图 10-253 所示。

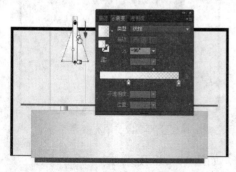

图 10-252　进行渐变填充

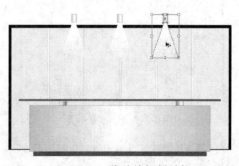

图 10-253　移动并复制对象

16 打开前面绘制好的封面设计文档，使用选择工具将其中的标志图形与公司名称复制到画面中，并排放到所需的位置，如图 10-254 所示。

17 打开一个已经绘制好的人物图形，如图 10-255 所示，将其复制到画面中，然后将其调整到所需的大小，并排放到适当位置，如图 10-256 所示。

18 按【Ctrl＋[】键将人物放置到所需的位置，如图 10-257 所示。

图 10-254　将标志与名称复制到画面中来

19 使用同样的方法将另一个人物与盆景复制到画面中，并调整到所需的大小与排放到所需的位置，调整与排放好后的效果如图 10-258 所示。前台设计就绘制完成了。

图 10-255　打开的人物

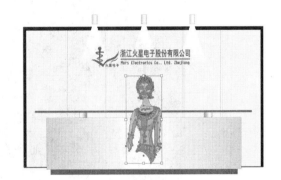

图 10-256　复制并调整人物

图 10-257　将人物放置到所需的位置

图 10-258　最终效果图

10.10　洗发水广告宣传单

先用矩形工具与填色功能绘制出背景颜色，再用复制与粘贴、置入等工具与命令为画面添加文字与背景图案，然后用文字工具输入所需的说明文字，最后置入要宣传的产品效果图。本实例的制作流程如图 10-259 所示。实例效果如图 10-260 所示。

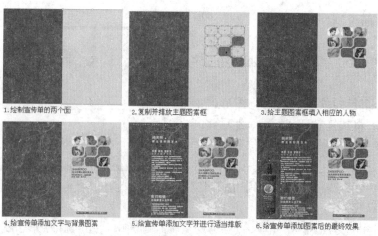

图 10-259　流程图

图 10-260　实例效果图

1　按【Ctrl＋N】键新建一个文档，文档大小为 A4，取向为横向。

2　在工具箱中选择矩形工具，在画面中单击弹出【矩形】对话框，在其中设置【宽度】为 130mm，【高度】为 200mm，如图 10-261 所示，设置好后单击【确定】按钮，得到如图 10-262 所示的矩形。

图 10-261　【矩形】对话框

图 10-262　绘制矩形

3　显示【颜色】面板，在其中设置颜色为"C：90、M：52、Y：100、K：21"，如图 10-263 所示，得到如图 10-264 所示的效果。

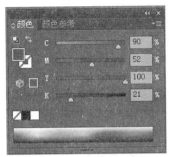

图 10-263 【颜色】面板

图 10-264 填充颜色

4 按【Ctrl + Alt + Shift】键将矩形向右复制并拖动到适当位置，与左边矩形的右边进行对齐，如图 10-265 所示，然后在【颜色】面板中设置颜色为 "C：0、M：17、Y：100、K：0"，即可得到如图 10-266 所示的效果。

图 10-265 将矩形向右复制并拖动到适当位置

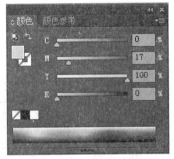

图 10-266 【颜色】面板

5 从配套光盘的素材库中打开一个如图 10-267 所示的图形。

6 使用选择工具选择所有打开的图形，按【Ctrl + C】键进行复制，然后再显示正在编辑的文档，按【Ctrl + V】键执行【粘贴】命令，将打开的图形复制到画面中，并排放到适当位置，如图 10-268 所示。

图 10-267 打开的图形

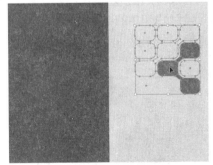

图 10-268 将图形复制并排放到适当位置

7 在【文件】菜单中执行【置入】命令，弹出【置入】对话框，如图 10-269 所示，在其中选择要置入的图片，选择好后单击【置入】按钮，将选择的图片置入到我们的画面中，并调整到适当大小，如图 10-270 所示。

8 按【Ctrl + [】键将图片后移，得到的画面效果如图 10-271 所示。

9 按【Shift】键在画面中单击中间的 3 个圆角矩形，同时选择要建立剪切蒙版的图形，如图 10-272 所示。

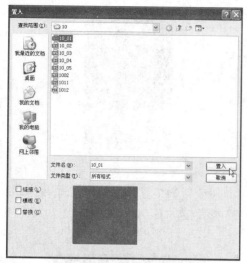

图 10-269 【置入】对话框

图 10-270 将图片置入到画面中

图 10-271 将图片后移

图 10-272 选择要建立剪切蒙版的图形

10 在选择的图形上右击，并在弹出的快捷菜单中执行【建立剪切蒙版】命令，如图 10-273 所示，得到如图 10-274 所示的效果。

图 10-273 执行【建立剪切蒙版】命令

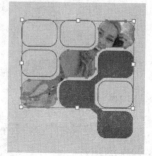

图 10-274 建立剪切蒙版后的效果

11 从配套光盘的素材库中分别置入所需的图片，如图 10-275 所示。

12 使用选择工具选择一张图片，并调整到所需的大小与位置，再按【Ctrl + [】键将图片后移，结果如图 10-276 所示。

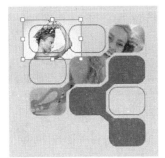

图 10-275　置入所需的图片　　　　　　　图 10-276　将图片调整到所需的大小

13 按【Shift】键在画面中单击左上角的一个圆角矩形，以同时选择它们，如图 10-277 所示。

14 在选择的图形上右击，在弹出的快捷菜单中执行【建立剪切蒙版】命令，得到如图 10-278 所示的效果。

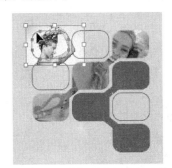

图 10-277　选择圆角矩形和人物　　　　　图 10-278　执行【建立剪切蒙版】命令后的效果

15 使用同样的方法将其他图片调整到所需的大小与位置，并建立剪切蒙版，得到如图 10-279 所示的效果。

16 使用选择工具选择要清除轮廓线的对象，在【颜色】面板中将描边设为无，再在空白处单击取消选择，得到如图 10-280 所示的效果。

图 10-279　将图片建立剪切蒙版后的效果　　　　图 10-280　清除轮廓线

17 从配套光盘的素材库中打开一个有图案的文档，如图 10-281 所示，再将其复制的画面中，调整大小并排放到所需的位置，如图 10-282 所示。

18 在工具箱中选择■矩形工具，并在画面的适当位置绘制两个不同颜色的矩形，如图 10-283 所示。

图 10-281　打开的图案

图 10-282　将图案调整并排放到所需的位置

　　19 在工具箱中选择文字工具，接着在画面中适当位置依次单击并输入所需的文字，根据需要设置所需的字符格式，如图 10-284 所示。

图 10-283　绘制两个不同颜色的矩形

图 10-284　输入文字

　　20 从配套光盘的素材库中打开所需的图案，如图 10-285 所示，同样将其复制到画面中，调整大小并排放到所需的位置，如图 10-286 所示。

图 10-285　打开的图案

图 10-286　将图案复制到画面中并进行调整

　　21 在控制栏中设置【不透明度】为 50%，降低选择对象的不透明度，再在空白处单击，取消选择，从而得到如图 10-287 所示的效果。

　　22 使用矩形工具沿绿色矩形边缘画一个矩形框，如图 10-288 所示。

图 10-287　设置【不透明度】后的效果

图 10-288　绘制一个矩形框

23 按【Shift】键在画面中单击图案，同时选择矩形框与图案，再在选择的对象上右击，弹出快捷菜单，在其中选择【建立剪切蒙版】命令，如图 10-289 所示，将矩形框外的图案隐藏，取消选择后的效果，如图 10-290 所示。

图 10-289　执行【建立剪切蒙版】命令

图 10-290　执行【建立剪切蒙版】命令后的效果

24 使用文字工具在画面中输入所需的文字，并根据需要设置所需的字符格式，输入好文字后的效果如图 10-291 所示。

25 使用文字工具在画面中文字之间拖出一个文本框，如图 10-292 所示，输入所需的文字，并设置所需的字符格式，如图 10-293 所示。

图 10-291　输入文字

图 10-292　拖出一个文本框

26 使用文字工具在绿色矩形的下方输入所需的段落文字，如图 10-294 所示。

图 10-293　输入文字

图 10-294　输入文字

27 从配套光盘的素材库中打开所需的图形，并依次将它们复制到画面中，然后调整大小并排放到所需的位置，如图 10-295 所示。洗发水广告宣传单就绘制完成了。

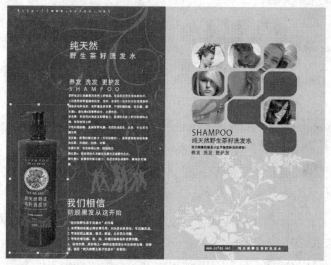

图 10-295　最终效果图

习题参考答案

第1章

一、填空题

1. 直线、曲线、几何特性
2. 图层、颜色、描边、透明度、符号、字符、段落、动作、属性、信息、变换、对齐、路径查找器
3. 图像分辨率、屏幕频率
4. Adobe、出版、多媒体

二、选择题

1. C 2. C 3. D 4. C

第2章

一、填空题

1. 抓手工具、缩放工具、缩放命令
2. 正常屏幕模式、全屏模式

二、选择题

1. A 2. C 3. B 4. B

第3章

一、填空题

1. 选择工具、编组选择工具、魔棒工具、套索工具
2. 调整、编辑、管理

二、选择题

1. D 2. D 3. A 4. A

第4章

一、填空题

1. 开放、封闭
2. 转角控制点、平滑控制点
3. 弧形工具、矩形网格工具、极坐标网格工具、圆角矩形工具、多边形工具、星形工具

二、选择题

1. A 2. D 3. ABC

第 5 章

一、填空题

1. 书法、散点、艺术、图案

2. 路径、复合路径、文字、点阵图

3. 两个封闭路径、不同渐变

4. 长度、复杂度、保真度

二、选择题

1. A　2. D

第 6 章

一、填空题

1. 弧形、上弧形、拱形、凹壳、凸壳、波形、鱼形、上升、挤压

2. 区域文字、路径上的文字

3. 区域文字工具、直排区域文字工具

4. 字体、字体大小、行距、字距微调、基线微调、间距

二、选择题

1. C　2. B

第 7 章

一、填空题

1. 垂直顶分布、垂直居中分布、垂直底分布、水平居中分布、水平右分布、【垂直分布间距】、【水平分布间距】

2. 剪切、复制、粘贴、粘在后面、在所有画板上粘贴

二、选择题

1. A　2. D　3. D　4. A

第 8 章

一、填空题

1. 字体、字体大小、字体颜色

2. 柱形图、条形图、堆叠条形图、区域图、分散图、雷达图

二、选择题

1. C　2. AC

第 9 章

选择题

1. A　2. B